我的宠物书

宠物狗常见问题家庭处置及护理

初舍 王杰 / 主编

中国农业出版社

图书在版编目（CIP）数据

宠物狗常见问题家庭处置及护理 / 初舍, 王杰主编.
— 北京 : 中国农业出版社, 2017.8（2022. 6 重印）
（我的宠物书）
ISBN 978-7-109-22978-5
Ⅰ. ①宠… Ⅱ. ①初… ②王… Ⅲ. ①宠物—犬—驯养 Ⅳ. ①S829.2
中国版本图书馆CIP数据核字(2017)第113836号

中国农业出版社出版
（北京市朝阳区麦子店街18号楼）
（邮政编码100125）
责任编辑　黄 曦

北京中科印刷有限公司印刷　新华书店北京发行所发行
2017年8月第1版　2022年6月北京第5次印刷

开本：710mm × 1000mm　1/16　　印张：11.5
字数：220千字
定价：45.00元

目录

好主人之这些技巧要知道

四季困扰大不同

目录

拜托，这些问题显而易见

内在问题好好处理

可怕的传染病

目录

生儿育女关关过

闪避！危机

狗宝贝的营养代谢病

目录

Part 9 可别忽视狗狗们心理那些事儿

Part 10 请关注那些小变化

Part 11 狗狗疾病快问快答

Part 1 好主人之这些技巧要知道

狗狗生病早知道

狗狗不会说话，它们健康与否只能靠主人在日常生活中细心观察。狗狗的健康状况有很多个小指标，其中任何一个不符合，都说明狗狗在健康方面可能出现了问题，最好马上处理。如果你想拥有一只健康的狗狗，这些标准也可以帮到你哦。

想要知道狗狗是否生病，应该从哪些方面来观察呢？

Question 从哪些地方可以看出狗狗生病了，什么情况下要将它送到医院就医？

Answer 想知道狗狗是不是生病了，首先要知道健康狗狗是什么样子的。认真观察安静状态下的狗狗有没有异常表现，通过以下这些方面的对比观察，主人们一般能迅速发现病情，同时可以及时发现病症的严重程度，以免耽误就医，使狗狗病情加重。

健康的狗狗是这样的：

体温

正常幼年狗的体温为38.5~39℃，成年狗为37.5~38.5℃，清晨、午后和晚上体温略有变化。但一昼夜之间的体温差，应在0.2~0.5℃之间。

脉搏

安静状态下，正常狗的搏动次数为每分钟70~120次，幼年狗比成年狗略高。脉搏的测定是以后肢动脉检测每分钟的搏动次数为准。

呼吸

狗狗的正常呼吸模式是胸式呼吸，其呼吸频率常受某些生理因素和外界条件的影响。健康狗的呼吸频率为每分钟15~30次，幼年狗比成年狗稍高，妊娠母狗比未妊娠母狗稍高。同样，呼吸频率也应在狗狗平静状态下观察。

体形

外观体现狗狗的营养状况。健康的狗狗应是肥瘦适度，肌肉丰满健壮，被毛光泽润滑，生长牢固，一般在春秋季脱换被毛。

精神状况 健康狗狗通常活泼好动，两眼有神，关心周围事物，对新鲜事物充满了好奇。亲近主人，见到熟悉的人会摇头摆尾，对生人则避而远之。

食欲 狗狗对于食物天生充满欲望，护食现象也屡见不鲜。仔细观察正常情况下狗狗进食时的吞咽速度、数量、持续时间及吃完后的腹围大小等，很容易区分出健康的狗狗和生病的狗狗。

脚垫 成年狗狗脚垫丰满结实，幼年狗狗脚垫柔软细嫩。

健康的狗狗是这样的:

眼睛

健康狗狗的眼睛是眼球黑多白少，两眼对称，炯炯有神。拿物体在狗狗眼前左右移动，狗狗的视线能够灵活追随着物体。

耳朵

两耳活动自如，对声音的反应极为敏感的是健康的狗狗，听力正常的狗狗能根据声音寻找其来源，当主人在狗狗背后或者侧面拍手时，如果狗狗能够循着声音来找，就说明它的听力没有问题。

口腔

口腔中最能反映健康的是狗狗的牙龈颜色。粉红色代表狗狗很健康。健康的狗狗口腔稍湿润，不流口水，黏膜呈粉红色，舌面上有淡而薄的苔。

鼻子

狗狗的鼻子通常是湿润的，摸上去较凉，几乎不流分泌物。如果发现狗狗的鼻子发干，有可能是它正在被疾病侵扰。这一点可作为判断疾病轻重的重要标志。

消化系统表现最明显：

（1）狗狗的呕吐中枢比较敏感，即使是正常情况下，也很容易出现呕吐。如果狗狗一次性吐出大量的正常胃内容物，而以后不再呕吐，这多是因为吃得过量、空腹状态下吃得过急所致。一般属于正常的生理现象，这实际上是狗狗机体的一种保护性反应。因此，主人需要根据狗狗呕吐时间、次数、数量、气味以及呕吐物的性质成分，综合分析处理。

（2）正常的狗狗每日排便1~2次，粪便呈圆柱状，稍软，颜色随所吃食物种类不同而略有差异，一般为黄褐色。

Question 除了观察，还有什么方法能确认狗狗病了？

Answer 怀疑狗狗生病时，摸一摸，按一按。

摸一摸：

这个动作主要用于检查狗狗的体温，感受一下鼻子和脚掌湿度、心脏搏动、肌肉的紧张性、骨骼和关节的肿胀变形等。

动作要领：

主人将手指伸直，不施加压力，平贴于狗狗身体表面，依次进行触摸。

在检查狗狗体温时应用对温度变化比较敏感的

手背。当狗狗因为肌肉痉挛而变得紧张时，触摸狗狗会感到肌肉硬度增加，而当狗狗肌肉因为瘫痪变得松弛时，触摸时也会感受到肌肉松软无力。

按一按：

这个动作主要用于检查狗狗身体深处器官的肿块，异常物的大小，或是有没有疼痛感。比如因为粪结导致的肠梗阻，通过这个手势在相应位置可以触摸到硬块。

动作要领：

用不同力量对患部进行按压并用指端缓缓加压。先周围后中心，先浅后深，先轻后重。

在检查的过程中，应该由病变的外围位置向病变位置按压，进行健康对比。病变位置浅或者疼痛比较剧烈的时候，应该用力轻柔，相反则可加大力量。随时注意狗狗的反应，回视、闪躲或反抗是狗狗敏感或疼痛的表现。

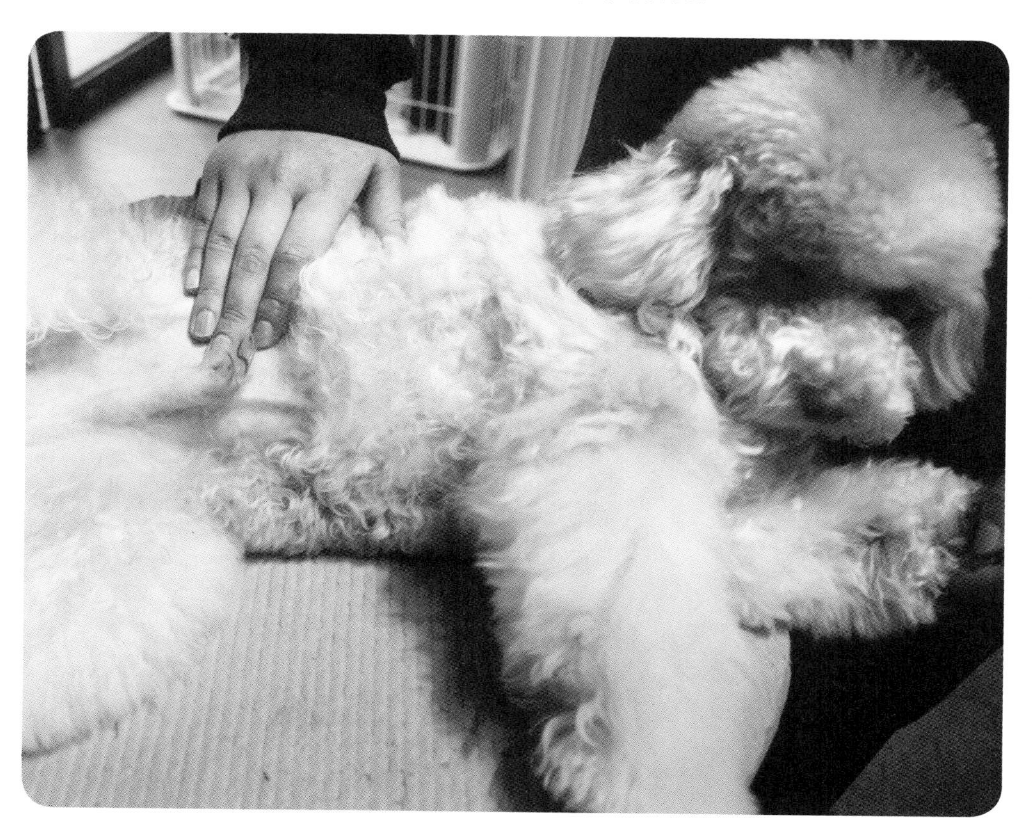

出现这些情况一定要及时送医：

（1）观察狗狗精神状态，发现其对外界刺激反应迟钝，一定要多加注意。如果此时观察到狗狗眼内角明显突出，遮挡部分眼球，遮挡越多，病情越严重。而如果狗狗出现眼神发直的情况，多数病情已经非常沉重。

（2）突如其来的发烧呕吐，身体抽搐，加之有转圈等神经症状时，狗狗多半是出现了中毒现象。

（3）半岁以内的小狗又吐又拉，很可能已患有犬瘟热或感染了犬细小病毒。

（4）几天内狗狗迅速消瘦也是一定要及时就医的症状之一。

（5）狗狗脱水的表现是少尿甚至无尿；眼窝下陷，眼皮干裂；捏起背部的皮肤放手后不易舒展。在狗狗明显脱水的情况下一定要就医。

（6）表皮温度低、身体各部末端冰凉、神态淡漠，都是狗狗休克的象征，必须及时抢救。

重点提示：

因为狗狗不会说话，难以亲述病情，导致狗狗的疾病通常难以判断，也容易误诊。但是不同疾病总有其病症特点，主人一定要多角度进行观察对比来判断自己的狗狗究竟是不是患了严重的疾病，发现问题及时就医。

生病期间的特殊护理

俗话说：三分治疗，七分护理。生病时打针吃药固然重要，但对生病狗狗的护理工作也不能忽视。护理工作做得好，可以缩短治疗的时间，提高治愈率。作为狗狗的主人，首先要掌握一些常见病症的简单护理知识，就医时宠物医师也会详细说明怎样看护、应该喂它什么东西等事项。

Question 作为一名合格的狗主人，家庭护理知识一定不可少。

Answer 有些基本的护理原则是通用的。针对常见问题，主人要牢记处理方法。

狗狗护理的基本原则是：

- 保持狗窝的干净卫生，并做好保温措施；
- 提供能促进食欲的营养食物和充足的饮用水；
- 遵循宠物医师的嘱托，开出的药物要按时按量喂给狗狗，不可随意调整用量；
- 随时观察病情，发现不正常情况，要及时与宠物医师进行沟通。

呕吐的护理——
关键词：止吐、禁食、饲喂流食、彻底检查。

狗狗往往会用呕吐来进行自我保护，减轻胃肠受到伤害。许多传染病和消化道疾病都伴有呕吐的发生，护理的前提是分清呕吐的原因：

Question 如何分清狗狗呕吐的原因？

Answer 狗狗呕吐是比较常见的现象。不同原因造成的呕吐，区别较为明显。

（1）多次性呕吐表示，狗狗的胃黏膜长期受到某种刺激，刺激后立即发生呕吐，直到吐完为止。

（2）如果是因食物腐败变质所引起的呕吐，则呕吐物中会含有刚吃下的腐败食物。

（3）呈现咖啡色或者鲜红色的呕吐物，提示狗狗患有肠胃炎或胃溃疡的可能性很大。

（4）带有泡沫的无色液体呕吐物，表明狗狗在空腹时已吃入了某种刺激物。

（5）大多数时候，当狗狗患有胃、十二指肠疾病，会引起顽固性呕吐，这些呕吐在空腹时也会发生。

（6）胰腺的顽固性疾病（如癌肿）也会导致顽固性呕吐。

（7）混有蛔虫或者其他寄生虫的呕吐物，患病原因就不言而喻了。

（8）当狗狗患有某些疾病，如感染细小病毒，该病引起的犬传染性胃肠炎一般也会有呕吐的表现。

正确护理的方式：

（1）停止对狗狗投喂腐败、变质的食物和带有刺激性的药物，并且禁食24小时以上。

（2）如果在禁食期间不发生呕吐，可以多次给予狗狗少量饮水或者冰块，以维持其口腔的湿润度。

（3）24小时后，可以喂食糖、盐、米汤，高糖低脂蛋白或者易消化的流质食物，并坚持少喂多餐的原则。几天以后方可逐步恢复正常饮食。

（4）按每千克体重2毫克，每天两次的量投服吗丁啉片。

（5）将庆大霉素按每千克体重2万单位，每天1到2次口服，可起到消炎作用。

（6）对于胃肠道比较敏感的狗狗，建议主人喂食易消化吸收的胃肠道处方粮。如果是由于食物过敏引起的呕吐腹泻，应喂食含有水解蛋白的低过敏处方粮。在喂处方粮期间，要避免喂食其他食物和零食。

（7）投喂多酶片以及益生菌可以起到健胃止痛的作用，同时能够平衡狗狗肠道菌群及恢复正常的肠道pH。

（8）定期为狗狗进行预防性的体内外驱虫，可以让狗狗保持在健康的状态。

（9）如果发现狗狗出现吐血或顽固性呕吐，建议立即带狗狗去医院做进一步检查以确诊。

发高烧的护理——关键词：降温、保暖、适时而止。

千万不要根据人的正常体温来衡量狗狗！前面我们已经提到过狗狗的正常体温是小狗38.5~39℃，成年狗狗37.5~38.5℃，越小的狗狗体温会越高，平均体温为38℃。不过，体温读数在37.2~39.2℃都属于正常，超出这个范围狗狗就有生病的迹象。健康的狗狗在刚做完剧烈的运动或者是处于神经兴奋状态的时候，体温会略有升高，但随着狗狗恢复平静，体温也将随之恢复正常。

Question 如何判断狗狗的体温是否正常呢？

Answer 判定狗狗发热的方法很简单，观察以及测量即可。

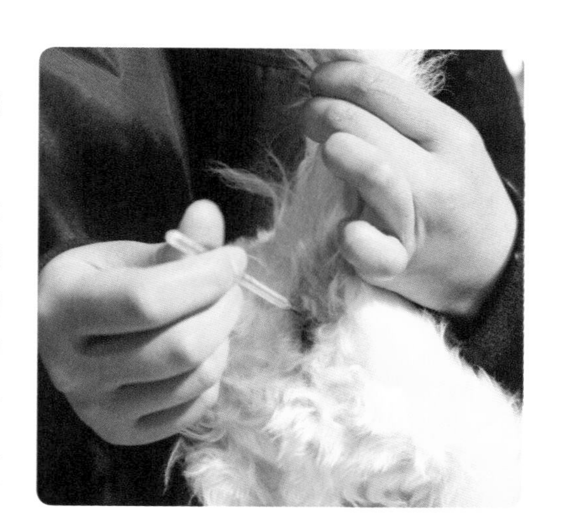

（1）狗狗的鼻子、耳根、精神状态是其体温的指南针。健康的狗狗鼻端发凉而湿润，耳根部皮温与其他部位相同。即使是在睡觉时，也对外部环境刺激非常警觉。狗狗体温增高时，鼻子干燥或者是发红，耳根部皮肤温度较其他部位高，狗狗的精神状态变得低迷、不思饮食。

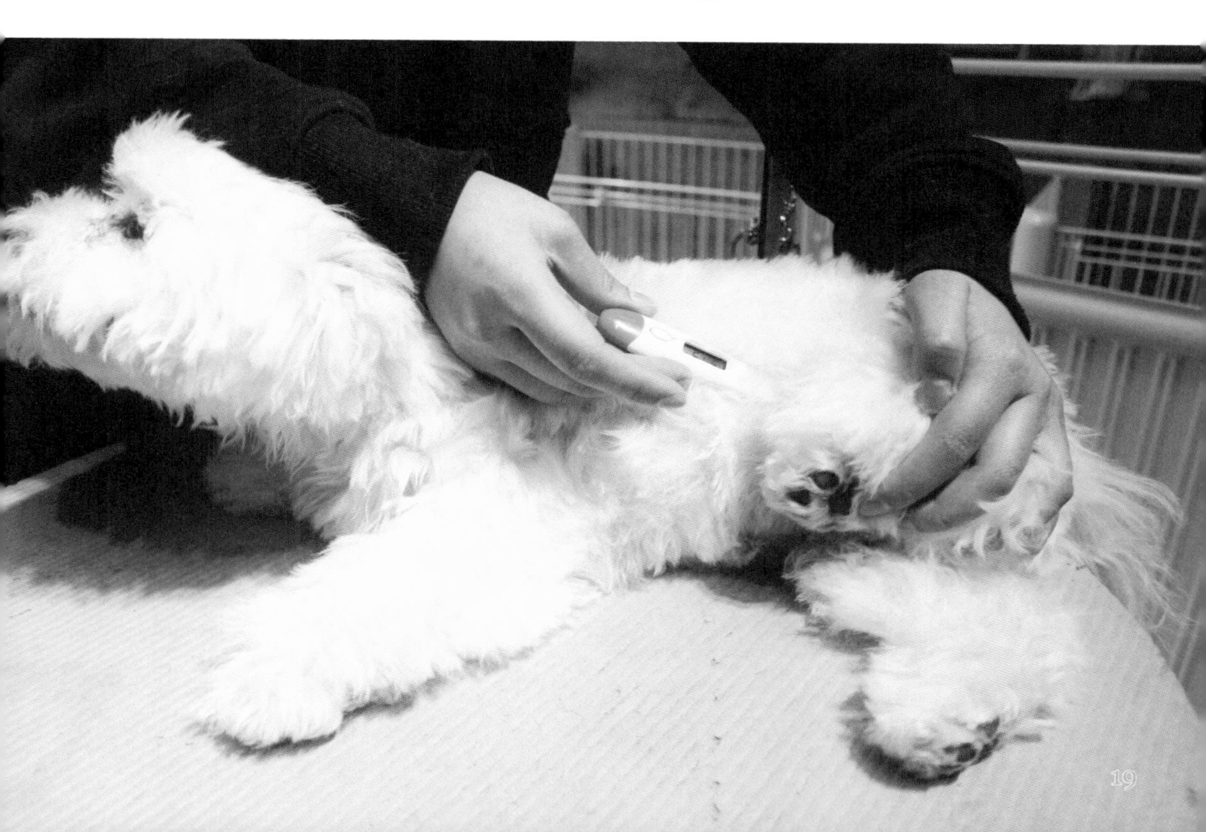

（2）如果单纯凭经验判断，由于受主人养犬经验的制约，总会有一些误差，因此，测量体温最准确的方法是用体温计通过直肠检查狗狗的体温。

测量时，先将体温计的水银柱甩到35℃以下，涂上凡士林等润滑剂，由家人固定它的头部，令狗狗安静下来，然后主人拉起它的尾巴，将体温计缓慢而轻柔地插入直肠。

根据狗狗的体型确定插入深度，但大多数狗狗至少需要插入2.5厘米才能够获得准确的读数。

3分钟左右即可取出。

Question 哪些疾病与发烧有关？

Answer 下列几种情况，狗狗体温会升高：

（1）如果狗狗最初的反应是出现喘息，并且存在轻微呼吸困难，开始咳嗽，往往还伴随轻度流涕，打寒颤，这通常与感冒有关。狗狗发烧说明它正在抵御某种类型的感染或其他疾病。

（2）接种疫苗后也会出现体温升高的情况，这与免疫系统忙于抵御察觉到的威胁有关。

（3）吃或喝特定东西也会造成狗狗体温升高。

（4）多数传染病，呼吸道、消化道以及其他器官的炎症，日射病与热射病症状都有体温升高。而患有中毒、重度衰竭、营养不良及贫血等疾病时，狗狗体温常常会降低。

正确护理的方式：

（1）在春、秋、冬三季气温不高时，发烧的狗狗会愈发感到寒冷而发抖，此时要注意保温。尤其是在冬季时，把狗窝加厚会让狗狗感觉更舒服。必要情况下还可以放置热水袋来提高环境温度。同时，狗狗所处环境要密闭防寒风的侵入。

（2）持续发烧的狗狗，要采取各种降温措施，如用酒精擦身等。

（3）狗狗夏季发烧，要降低室温，同时也可采取酒精擦身或冰水浴等降温措施来降低体温。在体温降到39.4℃时即可停止。

（4）如果狗狗过热，可以先让其换到凉爽一些的地方，然后用微湿的毛巾降温或者用花洒喷头淋浴。这个时候让它们喝些水很重要，因为只有舌头和呼吸道有湿气，狗狗才能通过喘息散发热量。

（5）狗狗被毛的数量和长度影响皮肤散热，经常梳理被毛也是给狗狗散热的好方法。

重点提示：

体温降低的症状，一般出现在狗狗身体脱水严重或重危疾病的中后期。

体温在35~37.5℃之间的狗狗病情已经十分危重。但为了争取最后的一线希望，保暖工作是十分重要的。狗狗体温过低时应尽量提高环境温度，并给它裹上衣物或毯子。如果是因为身上沾有湿水导致的体温降低，应用吹风机的低温档吹干水分并轻柔吹拂以温暖它。但如果体温进一步降低，还需要在狗狗的身体下面放上热敷袋或暖手宝等恢复它的体温。

通常建议，在狗狗的体温超过39.2℃或低于亚低温时及时就医。低体温状态直接输液是比较危险的，可以在狗狗的体温升高0.8~1℃后再注射一些促进血液循环的药物，这样效果会比较明显，而且也减小了危险性。

气温低时，给狗狗进行输液治疗时要注意保暖工作，使用衣物将狗狗包裹好，必要时可以使用取暖器、热水袋等。

咳嗽的护理——
关键词：静养、镇咳。

跟人一样，兴奋、睡醒、受惊、呛食等原因都会导致狗狗咳嗽。环境因素也会造成狗狗咳嗽，比如从暖空气环境进入冷空气环境，烟雾、灰尘等微细颗粒刺激呼吸道，炒辣椒产生的烟雾等刺激性味道、新居的油漆味，等等。这种咳嗽一般短促而短暂，没有其他症状，完全不用担心。但需要注意的是，有害环境造成的连续干咳或者呼吸道灼伤是需要就医的。

Question 如何分辨不同原因造成的咳嗽，并进行家庭护理呢？

Answer 引起狗狗咳嗽的原因有很多，主人应该细心分辨对症处理。

遇到狗狗咳嗽的时候，尽量先让狗狗安静下来，尽可能减少环境刺激因素，禁止狗狗运动，放松脖圈以减轻颈外部压力，多让它吸入湿空气。当强烈的咳嗽导致狗狗呼吸困难时，应及时就医，必要时可以吸氧。

狗狗咳嗽的常见原因：

- 上火
- 喉咙异物
- 感冒
- 中毒
- 慢性支气管炎
- 传染性气管支气管炎
- 呼吸道炎症、肺炎、肠胃炎等病变
- 狂犬病

（1）狗狗上火基本出现的是干咳。往往伴随着眼睛出现红血丝，眼角有分泌物，大便干结，没有其他明显的症状。

（2）最常见的喉咙异物是骨头、鱼刺，有时狗狗撕咬带刺物品玩耍时，也可能被异物卡住或刺到牙龈。这时候其实是狗狗自己主动咳嗽，希望把异物给咳出来。判断这种咳嗽的方法是，主人会发现狗狗一边咳嗽，一边用爪子自己抓嘴巴，还发出短促而尖锐的叫声。一般情况下，狗狗可以自己解决。

（3）感冒时狗狗也会咳嗽。感冒的狗狗精神状态不佳，喜欢睡觉，不爱动，总趴着。主人可观察到狗狗频繁流水样清涕、打喷嚏、咳嗽，有的狗狗还会出现食欲不振、流泪、眼结膜潮红并有轻度肿胀的现象。

（4）传染性气管支气管炎又叫犬窝咳。任何年龄段的狗狗都可能传染。并且只要有一只发生，其他与之相接触的狗狗也会随即出现此症状。夏秋两季更迭时多发。同时，在寒冷、高湿度、阴暗的环境中，也会增加狗狗对犬窝咳的易感性。

犬窝咳最为突出的症状是阵发性咳嗽，继而出现干呕或作呕，以清除喉咙的黏液，但狗狗精神、食欲等均正常，一般不发烧，也没有鼻涕等病征。继发或并发细菌感染时，病程就会延长，病情加剧，混合感染的狗狗病情严重时会出现疼痛性咳嗽等症状，体温升高，食欲不振，流脓性鼻涕。咳嗽会随运动量或气温的变化而加重，早晨则更为明显。大多数狗狗可随着机体抵抗力的提高而逐渐康复，少数狗狗会因为治疗不及时而继发支气管肺炎。

（5）呼吸系统问题比如支气管炎、咽炎、喉炎和扁桃体炎等都可能引起狗狗们咳嗽。如果狗狗长期咳嗽，很可能是患上了慢性支气管炎。狗狗表现为发病时间长，持续出现干咳，当早晚气温较低或因食物刺激时，咳嗽频繁。

正确护理的方式：

（1）狗狗上火：主人用蛇胆川贝枇杷露或是牛黄清肺散投喂即可。

（2）喉咙异物：如果狗狗自己解决不了，主人可以尝试帮忙，如果还是无法取出，就一定要找宠物医师拔刺，防止中刺部位发炎。

（3）感冒：狗狗感冒一般很快会恢复，不用人为干预。如果伴有体温升高、精神沉郁、恶寒战栗、食欲下降甚至废绝，测肛温超过40℃，就要采用之前提到的降温方式进行降温，再送医就诊，以确认是不是伴有其他疾病。

（4）犬窝咳：当狗狗患有犬窝咳的时候，主人千万不要大剂量使用抗生素。犬窝咳往往由多种致病菌诱发咽喉炎症，一般的药物很难到达这个部位，大多数抗生素不能起到立竿见影的治疗效果。相反，过量使用抗生素会破坏狗狗机体的免疫屏障，给病毒的入侵制造机会。

①就日常管理来说，要预防犬窝咳，必须保持狗窝通风干燥，清洁卫生。冬季要保温，并经常用3%~5%的福尔马林进行喷雾消毒。

②对于只出现咳嗽，没有全身症状的患病狗狗，只需要通风保暖，减少运动即可，以免引起咳嗽，加重病情。

③按每千克体重1~2毫克、4~8小时一次，给狗狗投喂作用于中枢的镇咳药，如磷酸可待因。也可给狗狗喂一些抗病毒的口服液，如双黄连口服液加上蛇胆川贝液等。

④当干咳变为排痰的咳嗽时，必须停止使用镇咳药，可以用祛痰剂，否则会使狗狗下呼吸道积聚渗出液。

⑤雾化疗法可使狗狗的咳嗽症状得以改善，连用10~14天即可。

⑥另外，使用六联苗对狗狗进行免疫也是预防该疾病的好办法。

（5）对于某些毒物中毒而引起咳嗽的狗狗，只要不存在肌无力和精神不振的情况，适当投喂葡萄糖口服液或是肌苷口服液即可。

（6）呼吸道炎症、肺炎、肠胃炎等病变导致的咳嗽，往往是长期连续咳嗽，有的情况下是尖锐干咳。狗狗眼鼻有黏结物，腹泻呕吐，呕吐物比较黏稠，毛色暗淡，精神萎靡，食欲不振。这种情况要及早找宠物医生进行治疗。

重点提示：

主人需要着重关注未注射齐疫苗的幼犬。除了咳嗽之外还要注意狗狗是否有其他不良反应，因为有些传染病的初期症状和普通感冒非常相似。所以为了安全起见，最好先排除传染病引起的咳嗽。不过，只要每年按时注射疫苗，成年狗狗患上这类传染病的机会也不是很多。

其他常见症状的护理：

食欲不振 拒绝进食

生病期间，狗狗的饮食需要经过宠物医师许可，对于生病期间绝对不能吃的食物，绝对不能投喂。

半流质或流质食物适合病患狗狗。

如果狗狗拒绝进食，可以把碎肉做成丸状，用手指推入它的口中。

吸管或者注射器也是喂食好帮手，从狗狗嘴角把流质的食物推入狗狗口中。

如果狗狗脱水严重，在没有呕吐的情况下，应该请宠物医师及时输液。

鼻分泌物 鼻头干燥

鼻分泌物不多时，可用脱脂棉或纱布拭净；

分泌物多且充满鼻孔时，要及时用棉签拭净鼻孔内的分泌物，保持鼻孔呼吸畅通。

鼻头长时间干燥时，要用甘油涂拭鼻头，防止干裂。

眼分泌物

用2%硼酸水浸湿脱脂棉，擦拭干净后，再使用眼药。出现脓性眼分泌物时，可能伴随有全身性疾病，应及时与宠物医师沟通。

腹泻

消化不良、胃肠炎、痢疾等会导致粪便稀软，呈糊状或水样。如果狗狗频繁地做排便动作，非常痛苦，却仅排出少量粪便或只排黏液、脓液，可能是直肠炎、顽固性下痢等。

对于腹泻的狗狗要禁食至少24小时，给予充足的清洁饮水。禁食后喂以刺激性小的流质食物，如米汤、果汁、蔬菜等，少食多餐，逐渐过渡到正常饮食。

皮肤病及外伤

要用伊丽莎白颈圈固定头部，可以有效地防止狗狗回头舔、啃咬患部。同时，一定将药物涂到狗狗患处或者皮肤上，不能仅仅停留在狗狗被毛上。

重点提示：

生病期间的狗狗需要较多营养。大多数狗狗生病时都伴随着发烧症状，随着体温升高，狗狗的新陈代谢水平就要增加10%。高代谢意味着狗狗体内需要更多营养物的摄入以满足代谢所需。主人要提供营养全面，营养浓度高、易消化、适口性好并能刺激狗狗食欲的食物。少食多餐，一天4~6次为好，此外还应补充适量的维生素和矿物质。

术后狗狗的护理程序

心爱的狗狗病了，主人大多会有些慌乱，在听取医生交代饮食注意事项和投喂方法时，最好记记笔记，这样才不会忘记医嘱的细节。而一些特殊的护理，则应在宠物医师的指导下进行或者交由专业技术人员负责。狗狗术后早期护理一般在宠物医院由护士专门护理，但是主人们仍需要掌握术后护理的基本常识，为狗狗的后期痊愈提供帮助。

手术后的狗狗比平时需要更多的爱护和关照，主人认真学习术后护理常识可以加速狗狗伤口愈合。

Question 狗狗术后会出现哪些问题，主人应该在哪些地方多加留心？

Answer 健康的狗狗做普通手术伤口愈合需要7~12天。

术后狗狗常出现的危险情况有呕吐窒息、呼吸道阻塞、低体温休克、细菌感染、自我损伤或被其他动物损伤等。主人要谨遵宠物医师的嘱托，为狗狗提供良好的康复环境。主人应仔细而频繁地观察狗狗的呼吸、体温、精神、食欲、排便情况等，并重视手术部位的检查。有些伤口的愈合需要三周以上甚至一两个月的时间，主人应积极耐心配合治疗，如有必要可进行手术清创来加速伤口愈合。

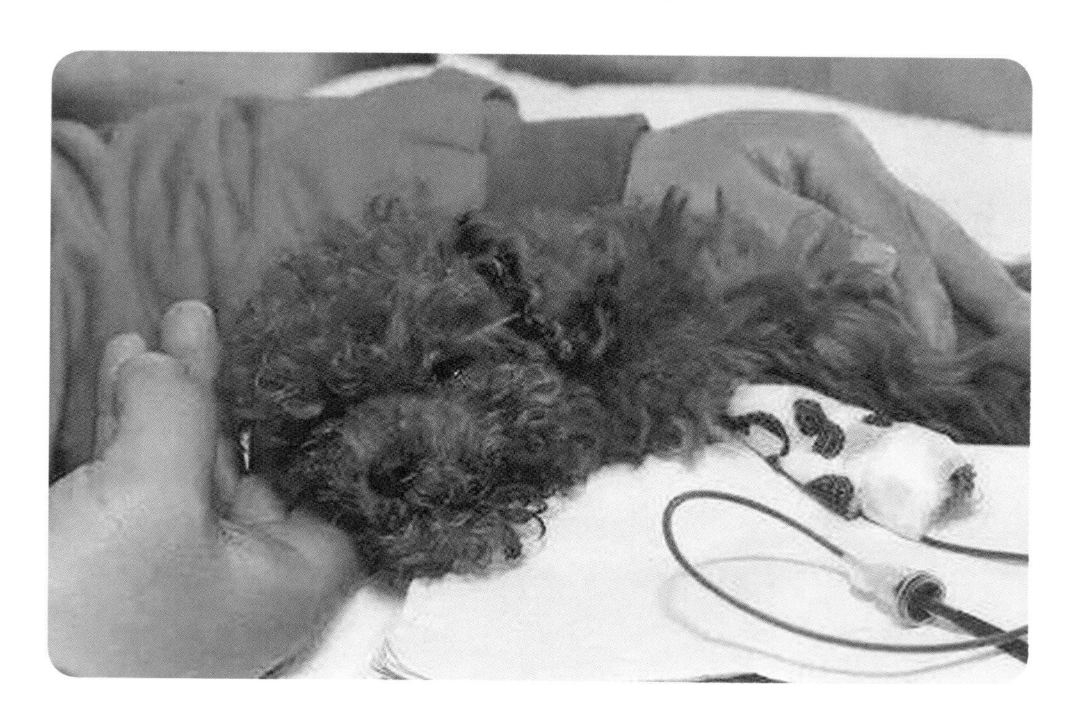

下面几种情况狗狗伤口不容易愈合：

（1）对于胖胖的狗狗，主人需要多加留心。因肥胖的狗狗腹腔内和皮下脂肪过多，手术后腹壁和皮肤切口张力大，伤口愈合会比正常狗狗迟缓，且容易感染。

（2）如果狗狗消瘦、营养不良、患有肠道或其他内脏疾病，主人也需多加关注。患有这些疾病的狗狗由于缺乏营养和代谢失衡，会影响伤口愈合。

（3）一些患有糖尿病和肾上腺皮质功能亢进等内分泌疾病的狗狗。伤口愈合起来非常困难，甚至反复开裂，对主人来说是一个不小的挑战。

（4）给狗狗一个干燥舒爽的居住环境。如果狗狗的生活环境潮湿闷热，往往会导致细菌滋生，不利于伤口愈合。

（5）某些手术部位伤口本身便难以愈合。例如骨关节附近皮肤活动性大，脚趾附近的伤口会受到负重压力。另外，咬伤、脓肿和肿瘤手术本身存在不同程度的细菌和肿瘤细胞污染，感染处不容易愈合。

（6）狗狗对缝线过敏。有些狗狗是过敏体质，可能会对缝线过敏，这对伤口愈合也是不利的。

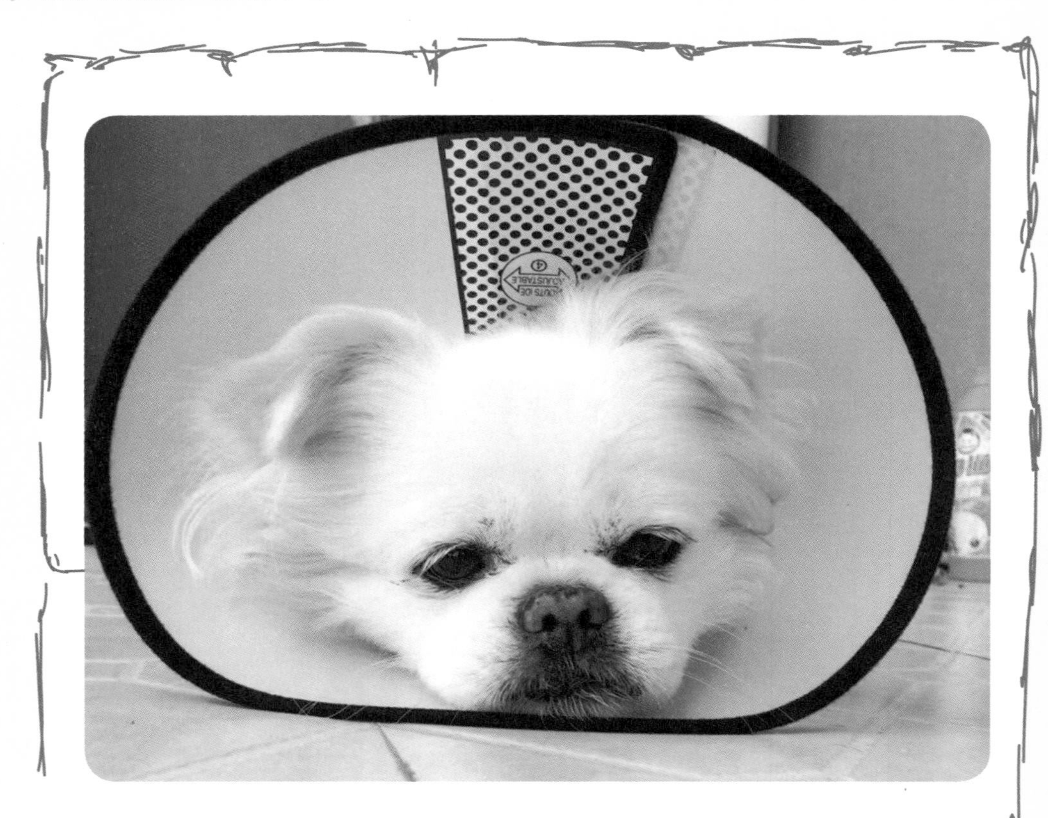

正确护理的方式：

保持静养

把狗狗的犬窝面积隔小，或者直接将狗狗放置在笼子或箱子内，与其他宠物隔离，以免发生打斗或者意外而伤到狗狗手术伤口。

试探性喂食

术后狗狗刚开始恢复食欲时，喂食一定要试探性地进行，如果这时大量喂食含高蛋白的肉蛋奶等，狗狗不但不能消化吸收，反而会引起更严重的呕吐。一旦出现持续性反复呕吐，还会使狗狗机体迅速衰竭，这对于狗狗往往是致命的一击。所以一般在狗狗呕吐的18小时之内不要喂任何东西；病情有好转后，再慢慢进行，可喂少量适口性好营养丰富的流质食物，用吸管、汤匙或注射器类等辅助工具喂食，如果再次呕吐，则还需禁食禁饮。

保护创口

保证专人看管护术后的狗狗；及时为其佩戴伊丽莎白圈，使其颈脖无法弯曲去舔咬创口；创口处敷保护物；给狗狗修剪趾甲或穿特制皮鞋。

加强营养

不同疾病手术后的护理要求不完全相同。手术后应在医师指导下循序渐进加喂高蛋白、富含维生素或者特殊食物，以加速创口愈合。

持续观察

术后禁洗浴，保持室内环境干燥，对大小便易浸部位更要留心。注意缝线是否断裂、手术部位有没有出现肿胀、有无异常渗出物（脓汁、血液等）、局部的体温变化等。术后狗狗可能会出现暂时性的体温升高，不久即可复原。如果持续时间较久，则应密切注意是否伤口发生感染。如发现断线、严重红肿、化脓等情况，要及时就医处理。

及时拆线 冬季应注意保暖，夏季要注意创部透气。主人可自行将线头用碘酒消毒后剪去，但最好由专职护理人员拆线。

重点提示：

术后适当运动，能够帮助消化，促进循环，增强体质，有利于狗狗机体功能的恢复以及伤口的愈合。早期运动时间不宜过长，每次10分钟左右即可。运动切忌过度，否则会导致狗狗术后出血，缝线裂开等，不利于创伤愈合和机体的康复。

一定要严格按照宠物医生的指导来照顾狗狗。当伤口开裂、化脓、迟迟不愈合时，应该请医生一一排查可能引起伤口不愈合的原因，有针对性地给出治疗方案。

四季困扰大不同
Part 2

万物复苏驱虫忙

俗话说，一年之计在于春。对于主人和狗狗而言也是如此。尽管春天不是很长，但主人却需要为狗狗做很多事情，比如把养了一个冬天的“膘”去掉，以全新的姿态，充满活力地迎接新的一年。

对于狗狗来说，驱虫是春天的首要大事。万物复苏之季，也是寄生虫猖獗之时。很多主人都忽视了给狗狗做好驱虫工作，以为狗狗能吃、能睡、精神好就代表健康，不需要去宠物医院进行定期检查甚至无需进行疫苗注射，从而导致狗狗染病，甚至发生寄生虫通过宠物传染人的情况。这都是要注意避免的哦。

在给狗狗驱虫的过程中，有很多细节需要主人格外注意。

Answer

春天到来，天气渐暖，不少在室内度过了一整个冬天的狗狗都开始向往屋外的生活，希望外出去感受大自然的生机勃勃。各位主人在带狗狗外出玩耍的时候，尽量小心为上，一切以狗狗和自己的安全为主。春天是传染病高发的季节，应注意对狗狗健康状况的检查。即使狗狗在短时间内并没有表现出明显的病症，也并不代表它一定是健康的。

发现体内寄生虫

体内寄生虫影响狗狗对营养的吸收，最终会导致狗狗发育出现问题。常见的体内寄生虫有以下几种：

- 绦虫
- 钩虫
- 鞭虫
- 蛔虫

（1）绦虫通常是通过跳蚤或其他啮齿类动物传播到狗狗身上的，是最常见的体内寄生虫。感染了绦虫的狗狗会经常嗅或舔舐它的肛门区域。

（2）如果发现狗狗的排泄物呈现暗黑色或带血，那预示着狗狗极有可能感染了钩虫。钩虫常常附着在狗狗的肠道壁上。

（3）另一种体内寄生虫——鞭虫，也会导致狗狗排泄物异常，收集排泄物去宠物医院化验，能够确认是否感染。

（4）蛔虫是一种在狗狗体内也会被发现的寄生虫，很容易通过肉眼在粪便中发现。狗狗被传染了蛔虫，严重的情况下会引发失明。

难以对付的体外寄生虫：

跳蚤、蜱虫、螨，这些小虫子都属于体外寄生虫，它们“寄居”在狗狗的皮肤上和被毛里。而且，如果你在狗狗的身上发现了这些小生物，那么可以非常肯定，你的家中也已经到处是它们的踪影了。听起来是不是很令人害怕？

（1）最难对付的体外寄生虫莫过于移动速度很快，体型又小的跳蚤。当主人看到狗狗疯狂连续抓痒的时候，不用怀疑，狗狗的身上应该是长了跳蚤。感染跳蚤后，狗狗常会挠痒、舔毛、啃咬。被跳蚤叮咬处，会出现局部秃毛或红肿、渗出性皮炎以及色素沉着等。逆向拨开狗狗的被毛，可以看到黑色的跳蚤粪便、白色的跳蚤卵。拿跳蚤梳在狗狗的背部、腹股沟、臀部、尾巴这些地方细致梳理，一定可以发现它们。而由于跳蚤行动迅速，跳跃能力超强，几乎没有徒手抓到的可能，并且还很有可能让主人自身也受到感染。

（2）螨虫生活在我们的家居环境中，但又基本无法用肉眼观察到。疥螨是狗狗身上最多见的，尤其是在狗狗潮湿的耳道内。它们的繁殖会引起强烈的刺激，让狗狗感到很痒，并且会在狗狗皮肤上留下黑色或褐色的分泌物，因此，判断狗狗是否被疥螨侵扰还是比较容易的。

（3）蜱虫喜欢待在草地、矮小的灌木丛之间，恰好与狗狗喜欢去的地方一致。蜱虫在狗狗身上吸满血后就会变得像豌豆一样大小，颜色为褐色、黑色或红色，很容易被发现。最常潜伏的地方是狗狗的耳朵、头部、脖子、肩部和脚部。

①用手在狗狗的身上抚摸检查，当感觉到狗狗皮肤上有豌豆大小的肿块时，就要看看有没有附着的蜱虫。

②如果被某些携带传染病的蜱虫叮咬，有一个非常明显的信号是狗狗会变得昏昏欲睡或没有食欲。

③被蜱虫叮咬之后的狗狗会抓挠自己的皮肤。被某些类型的蜱虫叮咬后，狗狗还会出现过敏、皮肤损伤甚至贫血等症状。

④蜱虫是传染病的传播者，不及时清除掉会对狗狗健康造成极大威胁。

正确护理的方式：

（1）如何进行体内驱虫。选择市面上常见驱虫药，根据狗狗的体重、年龄选择适合的细分类，然后根据说明书上的服用指南进行投喂。

（2）如何清除体外寄生虫。体外寄生虫很难被发现，且繁殖能力超强。

①草丛、花丛、灌木丛等蚊虫较多的地方尽量少让狗狗靠近，如果狗狗喜欢在草地上玩耍，春天的时候也应该“暂停”这一活动，尽量减少寄生虫附着的机会。

②春季里主人最好每天都为狗狗梳理一次毛发，同时检查狗狗的皮肤状况，看看是否已经出现红肿、瘙痒等状况，观察是否已有寄生虫附着在毛发之中，做到及早发现、及早处理。

③但凡狗狗外出回家后，主人都需要将狗狗的脚垫擦洗干净并吹干，如果有爽身粉的话，也可在脚垫里擦拭少许。此外，及时修剪脚垫里的毛发，修剪脚趾，对保护狗狗的脚垫也非常重要。

④让熟悉的宠物医生给出一份建议，看什么类型的防跳蚤、虱子、蜱虫药适合你的狗狗。常见的药物类型有三种：滴剂、片剂、喷剂。不同的宠物医生以及主人可能有不同的偏好。

滴剂可以滴在狗狗颈部和肩胛骨之间，药效较为长久，一季使用1～2次即可。

片剂的有效期较短，需要主人每个月为狗狗喂食一次。

喷剂的使用范围较广，可用于狗狗身体或家庭环境中，药效相对滴剂短。

⑤当做完体外驱虫后，狗狗出门玩耍还是需要佩戴驱虫项圈。

⑥一旦发现狗狗身上出现蜱虫，需要赶紧出手治理。

1. 尽可能贴近狗狗的皮肤，用镊子或清除蜱虫的专用工具钳住蜱虫头部或口器，不要抓或按压蜱虫的身体，避免蜱虫体内携带疾病的液体进入狗狗的皮肤。

2. 当你将蜱虫控制住了之后，就轻轻地将其从狗狗皮肤上取下。

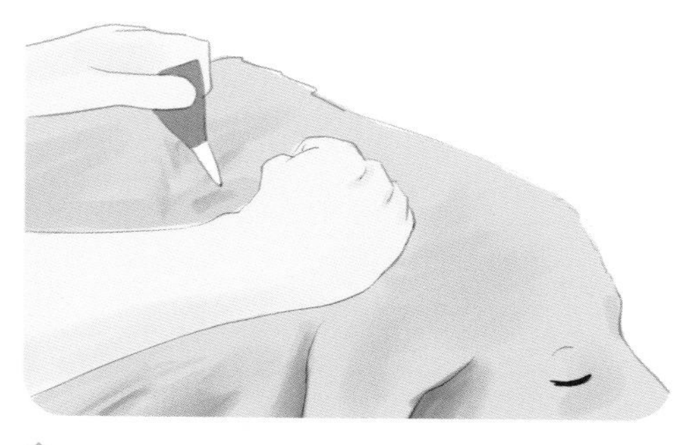

3. 用医用棉蘸酒精擦拭被蜱虫叮咬的皮肤及周围区域，并给狗狗涂抹抗生素软膏。

4. 当狗狗被蜱虫传染了，出现发热症状才是最糟糕的，伴随还会出现咳嗽、呼吸困难的现象。当你发现狗狗出现以上问题时，别再寻找药物自己治疗，而是应该直接带它去宠物医院。

5. 把蜱虫扔进装有酒精的密封罐子拧紧罐子丢弃，不要不经处理丢掉蜱虫。

重点提示：

（1）如果处理后，已死的蜱虫的头部仍然附着在狗狗身上，它会自行脱落，不必担心。不要强行去除。

（2）不要将蜱虫压扁或用燃烧过的火柴棍或针去清除蜱虫，否则含有致病菌的液体会进入狗狗体内。而且，过热的物品接触狗狗皮肤，会伤害到狗狗。

⑦可局部或全身使用皮质激素，以减轻跳蚤引起的较重皮肤瘙痒和炎症反应。和狗狗接触过后的衣服和物品，一定要注意定期清洗和晾晒。勤打扫，木质地板、地毯或家具，应每隔7~10天严格按照安全说明进行消毒处理。每周应用吸尘器彻底清理一次经过消毒的地面，由于跳蚤蛋的硬壳可抵御大多数消毒剂，需要将被吸入的跳蚤焚灭。

重点提示：

（1）每只幼犬在2~3月龄时都有可能感染和携带体内寄生虫。

（2）通过救助、领养或非专业犬舍购买等途径所获得的狗狗有必要进行驱虫。

（3）喜欢外出、热爱交际、有捡食陋习的狗狗，永远不能放松体内驱虫工作。

（4）健康的狗狗平均每年驱虫1～2次。经常接触外界陌生环境和陌生狗狗的“外向宝宝”，最好每3个月驱虫一次。

咦，臭狗狗

每个狗狗家长都希望自己家宝贝干干净净、被毛亮丽，并且身上香香的、软软的，但是，我们知道，凡是有皮毛的动物，身体都会有一定的味道。到了夏季，当你抱起狗狗时，会发现它变臭了。这个时候先不要着急给狗狗洗澡，正确的做法是：仔细检查气味的来源——有可能不是狗狗脏了，而是疾病导致的，因为味道是反映健康情况最直接的信号。

谁都不希望狗狗身上臭臭的，不仅闻起来难受，而且还可能是它们患上疾病的征兆。

Question 狗狗臭是正常现象吗？哪些部位的异味说明狗狗身体出问题了？

Answer 狗狗身上是没有汗腺的，在正常的新陈代谢下，只会分泌少许的油脂。一般情况下不会散发令人难以接受的味道。如果是有严重体味，也只是因为主人很长时间疏于清理，狗狗身体自然代谢之后所产生的体液与污垢混合产生的味道。夏季因为外出较多，狗狗身体的分泌物也增多，味道会格外重一些。如果检查了以下部位，都没有发现狗狗身上有任何问题，那就赶紧给狗狗洗个澡吧，看来它是真的有点臭了哦。

由下面几个部位发出臭味
主人一定要严加注意：

- 令人尴尬的口臭
- 皮肤发出的味道
- 耳朵中异常臭味
- 眼或肛围的臭味

正确护理的方式：

令人尴尬的口臭大清除

（1）狗狗食物代谢异常、胃肠道菌群失衡、肠道消化功能衰退、小肠堵塞，这几种原因都会引起胃气的增多和发酵，因此狗狗的嘴巴就出现了臭味。此时主人要及时调整狗狗饮食，多喂低纤维、低脂肪、适量蛋白的食物。

（2）有的狗狗以人类食物进行喂养，因此，食物残渣容易残留在齿缝中。这些残渣发酵后令口腔臭味较重。不过一般来说，这样产生的味道不会残留很久，唾液会将它们带走。

（3）持续性的口臭，大部分是由是牙周病所引起。牙菌在温暖又潮湿的口腔中大量繁殖产生硫黄成分的物质，就是臭味的来源。对于这种情况，主人让狗狗多啃骨头、勤刷牙可以减轻口臭的情况。

（4）牙结石也会刺激牙龈的发炎和细菌的增生，这时候主人就需要带狗狗去宠物医院洗牙了。

（5）口腔中的肿瘤和溃疡处，舌下囊肿（血肿）也会导致口腔的异味，要尽快找到医生做进一步的检查，确立治疗方案，进行手术或抗生素治疗。

皮肤发出的味道要注意

（1）因为感染会造成细菌大量繁殖，所以狗狗身上有伤口时也常有异味产生。这时主人要做的是保持狗狗皮肤洁净、伤口干燥，避免感染。

（2）狗狗由于寄生虫的叮咬，频繁抓挠体表。破损的皮肤出现伤口感染也会有臭味。及时护理、做好体表驱虫工作，就可以从源头解决臭味。

（3）狗狗的某个小动作也是引起体臭的一个很隐蔽的原因。我们经常会看到狗狗用舌头去舔皮肤，长此以往舌头会将细菌和唾液以及尘埃带到被毛上，这也会引起狗狗臭味的产生。多观察狗狗舔咬的原因，如果没有特殊原因，给它一个玩具缓解它无聊的情绪吧。

（4）激素分泌问题（譬如说发情期和生产期）、内分泌失调等，都会使狗狗身上产生异常的气味。

（5）各种皮肤病一般都会伴随一定的异常味道，定期检查狗狗体表，抚摸和清理，也是和狗狗交流的一种方式。

耳朵中异常臭味不可轻视

狗狗耳朵里常有耳垢，积聚过多时常引发炎症。细菌、真菌、螨虫、外耳炎、中耳炎、肿瘤 、感染等都可导致狗狗耳朵发臭，臭味足以熏坏整个房间。这时建议先带狗狗去医院检查确诊，然后对症用药，最后定期护理，狗狗们就能拥有一对健康的耳朵了哦。

家庭护理方法通常是清理耳垢：先用酒精棉球消毒外耳道，注意不要让酒精进入耳道；然后再用温水软化耳垢，最后用小镊子轻轻取出。注意固定好狗狗的脑袋，镊子不能进得太深，随时注意迅速取出镊子，以免刺伤鼓膜，引起感染。

眼周围或肛门周围保持洁净

（1）狗狗眼周分泌过多的泪痕和眼屎时需要及时进行清理。不然会导致螨虫或细菌的增生产生臭味。

（2）另一个需要定期清洁的部位是肛门腺，将狗尾巴向上翻起，使肛门突出，将手指放在肛门边的四点和八点处，轻轻挤压。如果摸到堆积物但挤不出来可能已堵塞，必须就医。挤压肛门腺后，狗狗身上的体味会明显减少。

（3）狗狗排便后粪便的残留，或者患有肛周肿瘤、外伤感染等，都是肛门周围味道的来源。养成卫生好习惯是避免肛周味道的重要方法。

重点提示：

通过梳理我们会发现，很多异味问题都是因为平时清洁习惯不好造成的。因此，主人应该在平时生活中注意对狗狗清洁习惯的养成，比如每天遛弯回家之后，应该给狗狗擦洗四肢和肚皮。日常多对狗狗眼耳进行护理，并且在狗狗吃完饭、喝完水后更换新的饮用水。这样会对狗狗的健康有很大的促进作用。

夏季高温防中暑

炎炎夏日里，人都难以承受酷暑的煎熬，全身都是长毛而且没有汗腺的狗狗就更难过了。夏季环境闷热潮湿，狗狗体温必然会上升，直接影响到体内代谢过程，反过来又进一步导致体温加速升高，这样恶性循环之下，狗狗非常容易脱水及循环不良，更不容易将热排出体外，于是狗狗就中暑了。狗狗中暑也分轻重，不过，不管哪种程度的中暑，主人都不能马虎，及时进行急救措施后还是需要就医检查，以保证狗狗的健康。

狗狗不会言语，夏季主人一定要多加留心，别让宝贝白白受苦。

Question 狗狗只是不停喘气算正常现象还是中暑，如果狗狗出现很严重的中暑现象要怎么处理？

Answer 中暑发生时，会引起狗狗脑及脑膜充血和脑实质急性病变，或者中枢神经系统机能的紊乱，严重时可使其因心力衰竭而死亡 。所以狗主人们一定要提高警惕，及时发现，及时处理，及时送医。

轻度中暑的症状：

- 流口水
- 急喘
- 精神兴奋
- 躁动
- 体温升高

★急救方法：

解开束缚狗狗的颈圈及胸带，把狗狗带到阴凉、通风又宽敞的地方，降低环境温度。吹电风扇或空调降温亦可。给狗狗补充适量水分，狗狗的情况就会得到缓解，慢慢恢复正常。

中度中暑的症状：

- 呼吸困难
- 站立不稳
- 脉搏疾速
- 步态摇晃
- 四肢无力
- 精神沉郁
- 呈现呆滞状态

★急救方法：

先用冷水淋湿狗狗全身，或将它半泡在水中。注意浸泡时水温不可过低，以免狗狗的体温急剧下降，一般用水龙头的水即可。将冰袋放在头上或者用酒精擦拭体表都是正确的处理方式。主人自行处理完毕之后，应马上把狗狗送往医院。

重度中暑的症状：

- 急剧升高至40℃以上
- 口吐白沫
- 反复呕吐
- 休克昏迷
- 张口伸舌
- 意识丧失

★急救方法：

中暑严重时，狗狗可能会因心力衰竭而死亡。发现狗狗中暑，应立即内服十滴水2~5毫升或内服风油精1~2毫升。用冰水淋湿毛巾包裹住狗狗全身，从肛门灌冰盐水入直肠，然后尽快送医院。途中千万注意要将狗狗的头放低、脖子伸直，保持呼吸畅通并防止呕吐。

重点提示：

狗狗中暑时，脑神经系统会受到严重的伤害，所以就算主人用冷水把狗狗的体温降到了正常值，也必须要把狗狗送到医院进行全面的检查。

Question 如果因为怕狗狗中暑而让它长时间待在空调房里，它会不会跟人一样得空调病?

Answer 因爱生害，狗狗也会患上空调病。

长时间待在空调房的狗狗，也会跟人一样患上空调病，打喷嚏、流鼻涕、无精打采、厌食甚至不吃不喝，容易让主人误以为狗狗得了感冒。要知道空调病其实比感冒要严重很多，发病时，狗狗体温升高，呼吸和心率加快，弄不好还会猝死。

夏季狗狗八不要

（1）不要让狗狗长时间处在空调环境下；

（2）不要在太阳强烈的时候带它们外出，清晨或傍晚温度较低时散步比较合适；

（3）夏季如果一定要带狗狗外出，使用牵引带，不要把它放在不透气的宠物袋内；

（4）洗完澡后不要直吹空调；

（5）让狗狗待在有自然风的环境里，绝对不要让狗狗睡在空调风口下；

（6）不要让狗狗单独待在烈日下的车厢内；

（7）避免让狗狗在高温、潮湿的天气做剧烈运动，且要控制狗狗的运动量。

（8）一旦得了空调病要马上将狗狗送医院请医师医治。

重点提示：

(1) 年老体弱的狗狗，因为身体循环功能下降，产生的热量不易排出体外；年幼的狗狗因为身体的代谢率较高，容易产生较多的热量。这两类狗狗应减少夏季外出的时间，外出散步的时候也要保持缓慢的步伐，多多休息。

(2) 夏季容易诱发心脏病，有些狗狗本身就是易患心脏病的体质，主人要格外注意。多伯曼、拳师犬、可卡犬大丹、爱尔兰猎狼和苏格兰猎鹿犬罹患心脏疾病可能性较大。

(3) 松狮犬、京巴犬、巴哥犬、古代牧羊犬等，这些狗的被毛较长、狗鼻扁短，外面的空气未能在鼻内充分冷却而进入肺部，导致狗狗体内积累的热量过多，容易中暑。

(4) 身材肥胖的狗狗和年老的狗狗很容易因为天气炎热而急促呼吸进行散热。经常性急促呼吸会加重呼吸系统的负荷，让心脏跳动过快，引起狗狗猝死。

(5) 缺少运动或者肺部有病的狗狗，中暑概率增大。

免疫工作不停歇

秋天早晚凉，昼夜温差大，狗狗的免疫力也会随之变化，更加容易患上感冒、腹泻之类的疾病。这时要注意给狗狗保暖，洗澡后一定要用吹风机吹干，吹风的温度不要过高，那样也容易引起感冒。北京犬、日本西班尼、西施犬等小型短鼻子犬属于感冒易感犬类，需要主人多加留意。气温渐凉之后，狗狗的食欲会逐渐增加，而有的狗狗对外界温度变化不能及时适应，还会发生腹泻或便秘等问题，这时应给予容易消化、营养均衡的食物，并逐渐增量使其体力增加。

秋季狗狗最易患的两类疾病是感冒和鼻炎，当宝贝患有这两类疾病时，主人一定要分清病因，有针对性地处理。

Question 很多疾病的症状都与感冒相似，怎么区分它们？

Answer 感冒多发于寒冷、干燥的秋冬季。

由于冷热骤变，经由空气传播的病毒和细菌侵入狗狗呼吸道内，导致其机体抵抗力减弱，进而引起感冒。前文提到过，患感冒的狗狗会出现精神沉郁、食欲减退、结膜充血潮红、鼻腔咽喉和支气管等黏膜处发炎等症状，还伴有打喷嚏、流水样鼻涕、咳嗽、体温升高、呼吸、心跳加快等病症。预防感冒以加强喂养管理，避免寒冷、过度劳累和营养不良，增强锻炼为主。气温骤变时，做好晚间保温措施，不应让狗狗自行外出。

感冒与其他几种相似疾病的区别之处：

鼻炎 体温正常，鼻黏膜红肿，鼻液呈脓样或带血。

鼻窦炎 体温正常，狗狗口鼻有臭气，鼻窦肿痛。

支气管炎 伴随剧烈的短咳、干咳。

犬瘟 体温升高到40~41℃。发烧几天后体温逐渐下降，一周左右再次发烧，眼睛有黏性分泌物。

犬副流感 有传染性，非常剧烈地咳嗽，同时扁桃体红肿，流脓性鼻液。

其中，与感冒区别最大的是犬瘟和犬副流感，但因其具有传染性，而且致命，一旦发现病症指征，一定要立刻送狗狗去医院。

Question 秋季发现狗狗身上出现很多皮屑，并且不停挠痒，这是什么原因造成的？

Answer 这与秋季干燥的气候有关。

秋季紫外线辐射增强，天气变得干燥。狗狗外出玩耍的时候，皮肤很容易受到野草和其他植物的刺激。因此狗狗也容易在秋季患上皮肤瘙痒、皮肤过敏等症。比较多发的皮炎有螨虫、细菌性皮炎、真菌性皮炎以及感染引起的皮炎，狗狗会出现皮肤充血肿胀，增温发痒和疼痛等症状。

（1）真菌性皮炎：真菌性皮炎会引起狗狗局部脱毛，伴有白色粉末状的结痂，痂下及周围有红色的皮肤突起。

（2）接触性皮炎：患有接触性皮炎的狗狗患处有红斑、丘疹、水泡、痂皮和脱屑等。找到过敏源之后远离过敏源，很快即可痊愈。

（3）日光性皮炎：狗狗鼻、眼睑和口唇部位发生红斑、脱毛、液体渗出、溃疡和形成痂皮等，是日光性皮炎的症状。

（4）寄生虫性皮炎：有脱毛现象和剧痒感，在狗狗的头部、腹部和背部可见发红的疹状小结，表面有黄色痂皮。

正确护理的方式：

（1）皮肤瘙痒，过敏的防治措施以脱敏止痒为主，口服皮质激素；

（2）用3%龙胆紫溶液，氧化锌软膏，磺胺软膏，10%鱼石脂软膏和硫黄散涂于患部可应用于急性渗出性皮炎；

（3）慢性皮炎，可用醋酸氟轻松软膏涂抹；

（4）真菌性皮炎，一般选用克霉唑软膏、藓净软膏或达克宁软膏涂擦；

（5）细菌性感染皮炎，可使用青霉素或庆大霉素。

重点提示：

（1）秋天狗狗开始脱毛，并长出一层短的密毛准备过冬。主人最好每天为狗狗梳一次被毛，并检查狗狗的皮肤状况。促进冬毛生长，保持清洁。

（2）秋季可帮狗狗适时补强疫苗，以帮助它安然度过这个病毒增长最快的季节。

贴秋膘不能过了头

天气开始变冷，除了要注意各种病毒和细菌性疾病，还需要关注一下狗狗的体重。看看这一年来它长多少，体重是不是在正常范围内。如果过于肥胖，请不要以冬季进补为名为其增加太多热量高的食物，粗粮蔬菜和低脂肉类才是最好的选择。因为肥胖对人来说也许影响的是容貌，而对狗狗来说可是实实在在的生存问题。贴秋膘可不能随意用在狗狗身上哦。

狗狗也有爱美之心，也不希望自己出现肥胖问题，更不喜欢因此变成一只体弱多病的肥狗狗，主人不要一味给宝贝好吃的不知节制哦。

Question 怎么判断狗狗是不是标准体重，过于肥胖对狗狗来说有什么危害？

Answer 标准体重的狗狗体脂率应该在16%~25%。从正上侧观察，体型很好，可以看到显著的腰身；从侧面观察，下腹线显著上提；从后面观察，肌肉线条清晰，轮廓流畅。肋骨轻微突出，容易触到，少有脂肪，尾骨轻微突出，尾部少有脂肪。体脂率超过45%的狗狗会伴随有严重的健康问题，表现为食欲亢进、疲劳不耐热、爱睡觉不爱运动等。

（1）过于肥胖的狗狗容易发生骨骼及肌肉疼痛。一是因为其自身脂肪过重，对关节、骨骼和肌肉造成很大的压力导致疼痛；二是因为炎症介导因子在肥胖狗狗体内分泌过多，因此狗狗更易患上骨关节炎，造成行动障碍，而运动量少又会进一步加速脂肪堆积。

（2）肥胖狗狗由于运动量小，原本肺部气体储存量就较少，当心肺空间受到脂肪挤压，肺部通气更为不畅，直接导致狗狗呼吸困难。

（3）腹部脂肪过量的狗狗容易患上糖尿病，类似于人类的“Ⅰ型糖尿病”。同时，长期食用高脂肪食物的胖狗狗也更容易患上胰腺炎。

（4）肥胖的母犬容易出现遗尿的问题。狗狗的尿道本来就短，如果腹腔内脂肪太多，导致膀胱长期受到挤压，狗狗很难正常存储尿液，随之出现排尿失控的现象。

正确护理的方式：

和人类减肥一样，对狗狗采取限制饮食，经常饲喂高蛋白、低碳水化合物和低脂食物，加强运动才是胖狗狗的唯一出路。

重点提示：

如果狗狗体内的脂肪分解机能发生障碍，即使限制进食，体内的脂肪含量仍会增高；甲状腺功能减退、肾上腺皮质机能亢进和脑下垂体前叶功能不全也会造成狗狗肥胖。

冻手冻脚季节的肉垫养护指南

每到冬季，除了个别四季如春的地区，大部分人和狗狗还是要抵御风雪的。这时候很多狗主人都开始思考：自家狗狗光着脚丫子在雪地里撒欢，会不会冷？人都要穿棉靴或皮靴御寒，需不需要给自家狗狗穿上鞋子出门，以免冻伤？但看着冬天狗狗在雪地里奔跑的样子，好像它们很少会担心自己的爪垫冷不冷，浪漫的冬天在雪地里打个滚才是要紧事呀！

冬天不仅会带来美丽的雪花，也可能带来可怕的冻伤。主人赶紧学会正确的处理方法吧。

Question 虽然在寒冬时节带着自家狗狗出门，它好像也还是跑得挺欢。但主人始终有疑问，狗狗是否会冻伤呢？

Answer 在一般情况下狗狗是不畏惧雨雪和寒冷的。

狗狗是一种恒温动物，能在外界环境温度变化下保持自身体温的相对稳定。由于狗狗的动脉与爪垫血管十分靠近，一旦感觉到寒冷，血液能够以最快的速度把热能传递到爪垫皮肤上。这也是很多犬科动物能在寒冷地区奔跑而不受伤的原因。这种本能在野外生活的狗狗身上表现得很明显，而家养的狗狗也同样拥有这种功能。不过这并不是说就无惧任何恶劣天气了，对萌狗狗来说，抗冻还是有个限度的。过于恶劣的天气，还是不要出门的好，另外，狗狗穿鞋子出门只有在它足部有外伤的情况下才是必须的。因为给狗狗穿上鞋子，确实会限制狗狗的运动能力，并且违背它们的天性。

雨雪天气狗垫隐患：

（1）避免走在雪地上。冬季狗狗爪垫受伤的原因主要是因为钉子或玻璃碎等坚硬的物体会被冰雪覆盖，如果狗狗不小心踩到，会很容易被划伤。

（2）雪后遛狗，狗狗回家之后一定要尽量把爪垫弄干净。因为下雪后，为了保障日常通行，城市的街道上会撒融雪剂以及防冻液。融雪剂具有一定的腐蚀作用，大多数狗狗有自己舔舐清理的习惯，如果没能及时把爪垫清理干净，狗狗或多或少会把融雪剂吞下肚。而防冻液对狗狗来说更是剧毒。

（3）狗狗踏雪后，潮湿会造成趾间炎，也会导致伤口发生感染，如果狗狗感到不舒服，舔舐啃咬吃下去一些致命细菌，会引起其他疾病。

正确护理的方式：

（1）及时剪掉趾间的毛是正确做法。不管是夏季还是冬季，剪掉趾间被毛对狗狗来说都是有好处的。夏季剪掉这些被毛有利于降温散热，而冬天修剪脚底毛有利于防止冰雪泥沙附着在它们的足部，能避免一些感染风险，同时更降低了护理难度。

（2）如果遛弯回家的狗狗爪子又湿又脏，应该这样做：用温水将狗狗的爪子洗干净，检查有没有外伤，特别要洗净趾间泥沙。

（3）冬天如果带狗狗在雨雪天出门，回家之后最好让它们的爪垫保持干燥温暖。尽量擦干狗狗的四肢以及爪垫，特别是长毛犬要特别注意。用吹风机彻底吹干爪垫以及脚趾间的被毛。

（4）小型犬怕冷，但怕冷的不是爪垫。冬天小型犬在寒冷的户外踏雪抽筋的原因是足部和小腿的关节或肌肉受不了寒冷。穿上能护住腿部的棉服，减少踏入雪地是正解。

重点提示：

(1) 除非有顽固污渍，否则给狗狗清洗爪子的时候只用清水即可。

(2) 健康情况下的狗狗，爪垫在寒冷的冬天应该会比平时手感温暖些。如果出现爪垫冰冷、僵硬，加上体温或精神状态不正常，就说明狗狗病了。

(3) 如果狗狗的爪垫裂伤明显，面积比较大，甚至出血或有结痂，需要就医治疗。因为这也许是皮肤病、外伤或者是缺乏某些营养素或微量元素造成的，这就不在家庭自我治疗的范围了。

拜托，这些问题显而易见

Part 3

给狗狗一扇明亮的“窗户”

狗狗的眼白比人类的眼白小很多，乌溜溜的大眼睛，可能是你最爱它的地方。有人说狗狗是色盲，亲爱的主人们，其实这种说法不准确，狗狗其实是可以看到少量颜色的！只是在它的色谱里没有像人类或是其他灵长类动物那么丰富的色彩而已。

Question 怎么判断狗狗眼睛出问题了？

Answer 它已经在发出信号——但你要看得见！

狗狗眼睛有问题的表现：

- 眼泪异常
- 眼屎积聚
- 眼睑肿起
- 眼睛发红
- 揉或蹭眼睛
- 凸出或发白
- 眼睑内翻或外翻
- 角膜炎、角膜溃疡

眼泪异常

狗狗眼睛在没有进灰尘的情况下，仍不停地流泪，甚至眼泪颜色变得浑浊，说明它的眼睛出现问题了。

眼屎积聚

当狗狗眼睛出现炎症时，由于混有脓性分泌物，会流出浑浊的黏黏的眼泪。这样的眼泪很难正常从泪管排出，也因此堆积在眼角，形成很大的硬块。这跟正常眼屎有很大的区别。如果除此之外，没有伴随发热和其他情况，可以排除犬瘟热、犬传染性肝炎等疾病。

揉或蹭眼睛

首先排除狗狗眼睛进了沙子或者别的异物。

当眼睛周围感到瘙痒或疼痛，狗狗会出现在墙上蹭眼睛，或是用爪子蹭眼睛的举动。

而眼睛发生炎症、患上视网膜疾病、眼底出血或者发生白内障、青光眼这种视力衰退，看不清甚至看不见的情况时，也可能会让狗狗揉眼睛。

眼睑肿起

眼睑充血、发红甚至明显地肿起，这就说明狗狗眼睛发炎了。

眼睛发红

当狗狗患有角膜炎和结膜炎的时候，眼角、眼睑或者眼白会发红。

眼睛的问题常常只发生在一侧，当双眼的结膜同时发红，就该怀疑是其他问题造成的。

眼睛凸出

狗狗的眼球凸出是眼压升高的表现，这可能会导致青光眼，狗狗患上青光眼时视力会衰退，同时也会感觉到剧烈的疼痛。

眼睛发白

仔细观察狗狗的眼睛，如果黑眼珠当中出现了白色的浑浊物，这是白内障的表现。幼犬可能患有先天性白内障。而6岁以后的狗狗，多半是老年性白内障。患有白内障的狗狗，视力同样会衰退。

眼睑内翻

眼睑内翻是角膜炎和角膜溃疡的主要原因之一。由于睫毛向内侧移位，使眼睑和睫毛窝进去，扣向眼睛内部，会对角膜形成直接、持续的刺激。这种疾病往往是天生的。

眼睑外翻

眼睑外翻同样是先天性疾病，并且带有遗传性。主要发生在下眼睑，是指眼睑和睫毛向眼睛外侧翻转，露出部分角膜表面的红色黏膜。眼睑外翻容易引发结膜炎，形成红眼病。

**角膜炎
角膜溃疡**

角膜炎是由于角膜受到刺激产生的炎症。如果加重，造成浸润组织坏死和溃疡，或由睫毛等尖锐物刺激引发角膜缺损，缺损部位坏死，就成为角膜溃疡。而且，一旦角膜出现病变，无论病变程度如何，狗狗都会出现流泪、怕光、角膜浑浊、角膜血管增生和眼睑痉挛等问题。

Question 眼睛出现问题主人要怎么做？

Answer ① 用宠物专用眼药水来清洗眼睛。

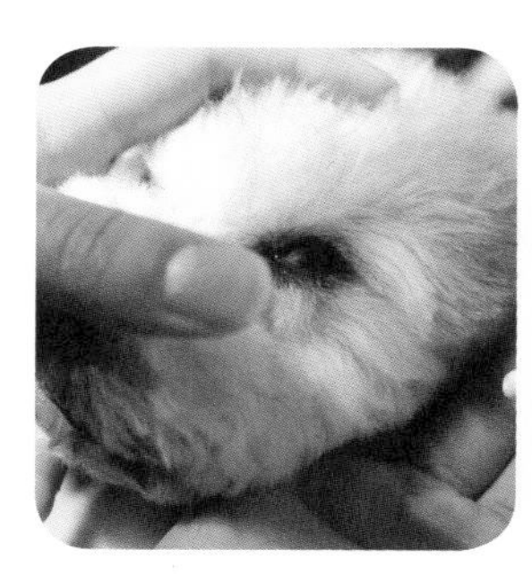

1. 从狗狗的身后环抱住，然后在狗狗的头顶吸引它的注意力，让它向上看；

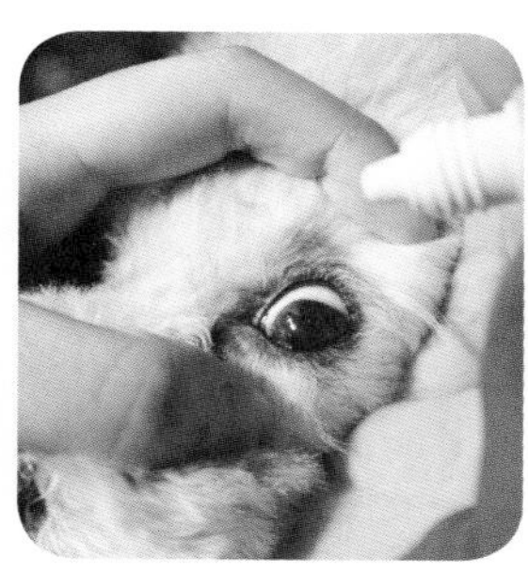

2. 用两只手指扒开狗狗眼皮，另一手拿着滴眼液，从头部上方滴入眼内；

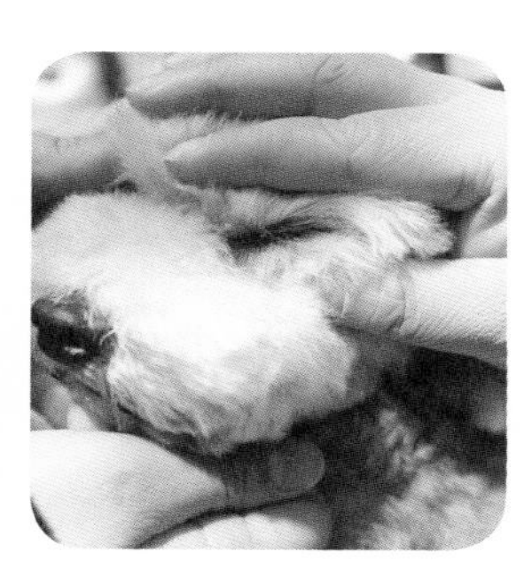

3. 让狗狗自己闭上眼睛，眼内的灰尘就会随着多余滴眼液流出来。

Answer ②
像卸妆一样擦去狗狗的眼屎。

1. 从狗狗的身后环抱住它，一只手抬起狗狗的下巴；

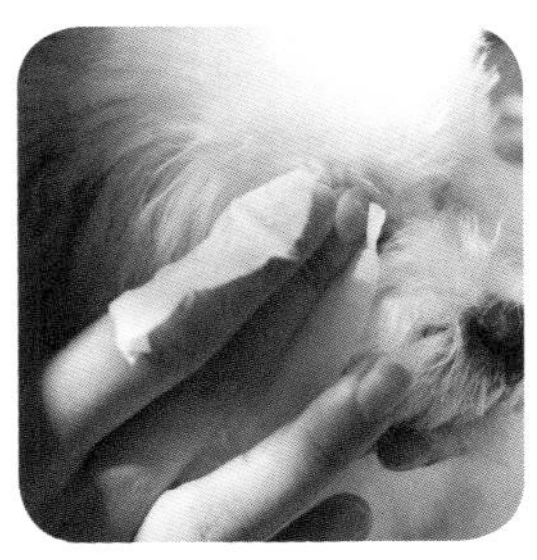

2. 准备温水浸湿的化妆棉片，覆盖硬化了的眼屎；

3. 轻轻地按揉有眼屎的部位，然后将眼屎擦掉，狗狗会很享受哦。

重点提示：

如果狗狗的眼屎已经无法去掉，可以在泡软后，由两个人配合用安全剪刀轻轻地剪掉眼角部混杂着眼屎的被毛。这个动作较为危险，如果实在没有信心，还是要求助专业人士。

nswer ③

每天用专用洗眼液擦洗泪痕。

每天把洗眼液倒在棉片之上，顺着泪痕生长的方向轻轻擦洗。这样，既可以去掉已经生成的泪痕，又可以预防新的泪痕产生。

nswer ④

眼睑内翻和外翻需要通过手术进行纠正。

医生会对眼皮进行修整，使上下眼睑和睫毛既可以适当地保护眼球，又不会对眼睛造成任何刺激。

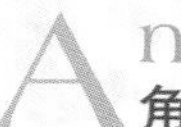
nswer ⑤

角膜出现炎症时需要用药。

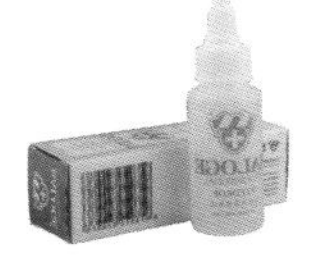

如果狗狗经常蹭眼睛，伊丽莎白圈是个好帮手。但还是要用洗眼液去除刺激角膜的异物，同时给狗狗使用含有抗生素的眼药水或药膏来消炎。

重点提示：

眼部易发病的狗狗

巴哥犬、斗牛犬、京巴犬这种脸部较短的狗狗，它们的眼球相对突出，要小心异物进入眼睛，避免争斗中造成眼球损伤。

脸部皮肤松弛的狗狗，如松狮犬、沙皮犬、巴吉度犬等，容易发生眼睑内翻或外翻。需要主人加以关注。

要好好珍惜

在狗狗耳朵里，至少有17块肌肉，可以让耳朵灵活转动。因此，在日常生活中，我们会看到狗狗耳朵像雷达一样，自动转到声音传过来的方向。原本听力就相当于人类16倍的狗狗，在这样灵活的耳朵的帮助下将更有利地收集声音。

狗狗拥有如此神奇的听力，这么宝贵的天赋，主人可一定要好好呵护。

Question 除了发现耳朵有臭味，还能通过哪些表现，观察到狗狗耳朵有问题？

Answer 翻开健康狗狗的耳朵，耳内应该是干净清洁并呈现浅粉红色的。靠近狗狗耳朵闻一闻，只会嗅到阵阵暖气，不掺杂任何臭味。耳部感染会引起狗狗的不适，如果狗狗经常摇头，在地上蹭耳朵并发出难闻的气味，很可能就是耳朵被感染了。如果伤害到中耳道，最终会导致狗狗失聪。

狗狗常见的耳道疾病有以下几种：

- 外耳炎
- 中耳炎
- 内耳炎
- 耳血肿

（1）外耳炎，多见于耳下垂或有长毛的犬种。

①水进入耳道内或外耳道内，微生物在潮湿温暖的环境中发育繁殖，从而引起外耳炎。外耳道本身有创伤或有泥土、昆虫等异物进入耳道，就会对耳道内的皮肤产生刺激；

②耳螨寄生并不断刺激外耳道；

③外耳道感染，如金黄色葡萄球菌链球菌、变形杆菌、大肠杆菌或真菌感染。

可观察到狗狗不安，频频摇头，平时抓耳或拿耳朵擦地。碰触耳朵附近部位会低吼、咬人。检查狗狗耳部可看见外耳道有黄褐色的分泌物，并有臭味。耳道上的表皮变性增厚并呈现红肿。此外，耳道内有较多结垢并有渗出物。严重时，耳道上皮溃烂，还有淡黄或深褐色的脓性分泌物。此时还有可能引起狗狗体温升高，甚至导致听觉减弱。

（2）中耳炎和内耳炎。中耳炎和内耳炎常可同时或相继发生。患有中耳炎的狗狗，耳朵下垂，并常摇头，头还常向患侧扭转。狗狗会出现发烧、中耳蓄脓、剧烈疼痛等症状，严重时甚至会造成鼓膜破裂、神经麻痹等情形。

（3）患有慢性内、外耳炎，牙科疾病的狗狗或高龄狗狗通常会出现内耳炎。由于内耳负责掌握身体的平衡，患病的狗狗可能会出现步伐不稳、原地打转、摔倒等症状，此时病犬精神沉郁，耳痛加剧还有发热、耳聋等症状，病情严重时炎症可侵及面部神经和副交感神经，进而引起面部麻痹并患上角膜炎和鼻黏膜干燥，有时甚至可侵及脑膜，患上脑膜炎，并导致死亡。

（4）若狗狗因耳朵不适而经常搔抓，易使耳廓内的血液、组织液淤积在血管内，让耳廓肿大且发热，导致耳血肿发生。

（5）狗狗打架造成耳朵受伤，或免疫系统异常皆可能导致发病，千万不可轻视。

正确护理的方式：

外耳炎的护理方法：

（1）细菌感染症状较轻的狗狗，可用棉花蘸取庆大霉素液将耳道中的污物彻底清理干净。每天3~4次。

（2）寄生虫性外耳炎，可将杀螨剂滴入耳道内。

（3）真菌性外耳炎，则需要用抗真菌制剂滴入，直至耳内鳞屑消失。

（4）急性化脓性外耳炎并伴有体温升高的狗狗要送医治疗。

中耳炎及内耳炎的护理方法：

（1）用红霉素按每千克体重20~40毫克的剂量，每天分3次喂服；或用氯霉素，按每千克体重25~50毫克，每天分3次喂服；

（2）在应用抗生素的同时，配合耳道清洗。洗耳液用38℃左右的生理盐水加入适量抗生素混合而成。用药棉蘸取洗耳液，拿镊子等工具清理耳道。

（3）耳道内滴耳油，每天2次，连滴3~4天。

重点提示：

（1）替狗狗洗澡时，请记得在耳道塞一块棉花，以防止水分流入。另外，游泳、玩水或是狗狗互舔耳道也很容易造成耳道积水，日常生活中，主人们需要格外留心。

（2）预防也很重要，定期修剪耳道附近的长毛、每周定期清理耳道。尤其是贵宾犬或是雪纳瑞等耳道较细、耳毛较多的小型犬。

清理方法：剪去耳部及外耳道的被毛，再除去耳垢分泌物和痂皮。若耳垢很干，可以直接把洗耳液滴入狗狗的耳道内，滴5~6滴，用耳廓盖住耳道，在耳外侧揉几下，让耳液充分将耳道内的耳垢溶解。随后狗狗会自己甩甩耳朵，把携带着耳垢的耳液自行甩出去。较大的耳垢或异物可用小镊子取出。不要损伤狗狗耳道的上皮细胞或戳到耳鼓膜，否则会导致狗狗内耳受伤。

狗狗的耳朵疾病需要长期治疗，主人应及时带狗狗看病确认耳疾病因，并遵照医生指示持续用药，万不可擅自停药。

嗅觉是狗狗
最重要的感知方式

狗狗嗅觉超强，记住气味的能力也超强。嗅觉决定了狗狗90%的思考。人类正是利用了狗狗的嗅觉记忆，让它在搜救、安检、侦查、拆弹等方面协助工作。上天赋予狗狗独特的优势来感受世界，适应自然。主人一定要多加保护狗狗的这个天赋。

这可是货真价实的“狗鼻子”，它不仅能提供灵敏的嗅觉，而且也是狗狗健康的风向标哦。

Question 仅凭狗狗鼻尖干燥的表象怎么能分辨出狗狗得了什么病呢？

Answer 一般来说，狗狗除了睡觉和刚睡醒时外，其他时间鼻子都是湿润的，表面有一层透明的液体。如果你的狗狗鼻尖干燥，而且鼻子里流出像脓一样的鼻涕，有时还出现流鼻血、连续打喷嚏等症状，有可能患上了鼻腔疾病或传染病了。

可以通过鼻子的变化，观察到狗狗得了这些病：

（1）在消化不良、便秘、热性病时，狗狗的鼻尖多半是干燥的。

（2）若持续高热或脱水严重，鼻端会蜕皮甚至龟裂，狗狗患上犬瘟热时基本都会出现这个典型症状。

（3）如果狗狗流鼻涕，多半是患上了呼吸系统疾病。呼吸道急性炎症鼻涕会比较多，而慢性炎症仅有少量鼻涕。随着病程的推进，一般先是清亮的浆液性鼻涕，再是乳白黏稠的黏液性鼻涕，最后会发展为带有恶臭的鼻涕。患上慢性鼻炎的狗狗，多流脓性鼻涕，症状时轻时重。

（4）体温不升高，鼻黏膜红肿，流脓样或是流有血的鼻涕是鼻炎的特征。

（5）口鼻有臭气，鼻窦肿痛，则可能患上了鼻窦炎。

（6）患有副鼻窦炎的狗狗会出现用前肢轮流蹭鼻子，但又不敢碰到鼻子的动作。触诊时，狗狗有明显的痛感。

正确护理的方式：

（1）狗狗急性鼻炎刚发病时，除了可以观察到其鼻部症状，频繁打喷嚏，还经常能看到狗狗摇摆头部或用前爪搔抓鼻子。病情加重的时候，由于鼻黏膜肿胀导致鼻腔变窄，造成狗狗呼吸困难，主人仔细听能听到鼻塞的声音。急性鼻炎并发结膜炎时，眼睛会出现流泪。并发咽喉炎的时候，狗狗出现吞咽困难，常伴有咳嗽，观察发现下颌淋巴结肿胀。

（2）对于患有重症急性鼻炎的狗狗，主人可采用2%~3%硼酸溶液或0.1%高锰酸钾冲洗鼻腔；用10%医用盐水亦可。冲洗后，在其鼻腔内涂上抗生素软膏。

（3）对继发细菌感染的狗狗可用氨苄青霉素，按每千克体重一次20毫克口服，每天3次，连喂3~5天。当出现真菌感染时，可先清洗鼻腔，再用1%的复方碘甘油喷雾连用7~10天。

（4）对于患有急慢性鼻炎的狗狗应该对其加强护理，保温防寒，安置在温暖通风良好的场所，要防止化学因素对狗狗的鼻黏膜直接刺激。慢性鼻炎常会引发窒息或脑病，应给予相当的重视。

（5）副鼻窦炎多由鼻腔疾病、面部外伤或者病原菌侵入窦腔所致，因此，提高狗狗的抵抗力，避免面部挫伤、骨折，包括龋齿的发生，从而预防本病的发生，防止病原菌侵入狗狗的鼻窦内部。

（6）慢性鼻炎伴有副鼻窦炎时，会引起骨质坏死和组织崩解。鼻窦内蓄留有脓液时，需要就医做局部外科手术。

（7）副鼻窦炎可用氨苄青霉素，按每千克体重一次20~40毫克口服，每天2次，连用3~5天；或用土霉素按每千克体重一次20~40毫克口服，每天2次，连用7~10天。

重点提示：

在使用常用的渗透药液滴入狗狗鼻腔的过程中，要注意滴管不能接触狗狗鼻腔的黏膜。此外，鼻腔内禁用油膏，因为油膏可能损伤狗狗鼻黏膜，甚至会因不慎吸入而导致内置型肺炎。

牙口好身体棒

牙齿是判断狗狗身体健康与否的一项重要指标。拥有一口坚固、锋利的牙齿对狗狗来说更是至关重要。要想保证牙齿的健康，平时就要格外注重清洁保健。雪白的牙齿和清新的口气是健康好狗狗的标志。狗狗是我们不可缺少的重要伙伴，所以，作为它们永远的朋友，彻底地为狗狗的牙齿进行清洁与护理是非常重要的。

牙好胃口好，狗狗身体好。牙齿不健康会发展成全身疾病。主人们一定要小心保护爱犬牙齿。

Question 健康的牙齿应该是什么样子？

Answer 狗狗有20颗上牙，22颗下牙，共计42颗。为了不让捕到的猎物丢失，牙齿呈锯齿状排列。负责咀嚼的牙齿是最里面的几颗。用双手分开狗狗的上下颌，可以观察到健康狗狗的牙齿。颜色洁白，没有牙菌斑和牙石，牙齿完整不松动，牙龈丰满，不出血也没有萎缩现象。如果你家狗狗的牙齿是以上所说的这个样子，那么恭喜你，狗狗的牙齿健康可以达到满分啦。

经验丰富的医师和狗主人可以根据牙齿的情况看出狗狗年龄。

2个月，狗狗长出全部乳牙。

1岁， 狗狗全部恒齿都生长完成。

2岁起，狗狗的牙齿上开始出现牙石。

3～4岁，出现明显牙石。

5岁，牙齿的尖端渐渐被磨圆。

6岁时，狗狗的牙石变得相当多。

超过7岁，牙齿开始松动，下颌的门齿被磨圆。

超过10岁，狗狗的门牙也开始脱落了。

狗狗常见牙周疾病包括以下几种：

- 牙石
- 蛀牙
- 牙龈炎
- 牙龈萎缩
- 齿槽脓肿
- 齿龈瘘管
- 双排牙
- 老年期掉牙
- 口腔溃疡

牙石　　进食后，食物的残屑累积在狗狗牙缝中，如果没有定时刷牙。在细菌作用下会逐渐累积形成牙菌斑。牙石是食物残渣与牙菌斑结合沉积产生的。牙石是细菌的温床，也是造成齿龈炎、齿龈萎缩的重要原因之一。

蛀牙　　人类产生蛀牙的原因是当口腔中有食物残渣时，唾液淀粉酶促进其发酵形成酸性物质，从而腐蚀牙釉质。而狗狗的唾液中并没有唾液淀粉酶，蛀牙是从哪里来的呢？其实有蛀牙困扰的多半是被投喂人食物的狗狗。当狗狗吃到变质食物，或者某些食物本身就呈弱酸性，这些食物残渣会在狗狗口腔中存留，尤其是附着在牙齿上时，就会腐蚀牙齿，造成蛀牙。

牙龈炎

牙龈炎发生在牙龈与牙齿交接的地方。当牙石积累到一定程度时，细菌大量生长侵入牙龈。牙龈就会因感染而发炎。此时狗狗会感到疼痛，出现咀嚼困难，甚至会有过度流涎的现象。主人最容易发现的是，患有牙龈炎的狗狗通常会出现口臭。

牙龈萎缩

患有牙龈炎的狗狗，当牙石不断增多压迫牙龈时候，牙龈会逐渐坏死萎缩。最可怕的情况是如果细菌随着牙周血管进入血液循环，会导致狗狗心肌炎、肾炎，其寿命受到很大的影响。所以主人要对狗狗的牙周病健康多加关注，一旦发现爱犬得了牙周疾病，应立即送医。

齿槽脓肿 齿龈瘘管

牙龈萎缩后，细菌会沿着裸露的牙根感染到牙龈更深处的齿槽骨内，造成严重的肿胀与疼痛。如果病情一再恶化，会沿着上颚齿槽向上一路感染到眼睑下方，引发肿胀化脓，造成齿龈瘘管。

双排牙

狗狗在换牙时，恒齿虽然长出，但乳齿还未来得及脱落，就会形成双排牙。迷你雪纳瑞、迷你贵宾犬等小型犬容易出现双排牙。如果不能及时拔掉乳牙，容易使食物残渣留存在双排牙间，过早形成牙石。此外，还会造成狗狗咬合不正。

口腔溃疡

还需要注意的是狗狗的口腔溃疡疾病。这种病其实并不常见。但如果狗狗出现这种疾病，往往表示狗狗患有肾脏疾病。症状以口臭、流涎、咀嚼困难为主，同时狗狗口中会出现尿臭味。一旦发现宠物有类似症状，加上消瘦、呕吐、精神萎靡、低体温、厌食、少尿、无尿、尿色变深、粪便颜色变深等症状时，要尽快就医。

正确护理的方式：

（1）给狗狗洗牙，会让它的口气一下变得清新起来。但如果没有改变饲养习惯，或者不当护理，牙石会再度出现，同时伴随着口臭。

（2）从小养成给狗狗刷牙的好习惯。狗狗处于幼犬期时，就应让狗狗习惯刷牙。最初可用手指缠上纱布轻轻摩擦狗牙，坚持一段时间，狗狗就会适应。日常生活中常将狗狗嘴巴打开，看看口腔及牙齿的清洁程度，如果发现牙齿布满污垢、食物碎渣并发出臭味的话，可用专用牙刷为它刷牙。狗狗专用牙刷有较为柔软的刷毛，而且刷毛的角度也更适合狗狗的嘴巴。

（3）刷牙时牙龈轻微出血是正常的。如果出血过多，可能是刷牙时过于用力了，还有可能是牙龈问题引起的出血。刷牙时间以2分钟为限。另外可以选用狗狗专用漱口水，放在饮用水里即可。但一定不要用人用的牙膏和漱口水。洁牙骨、牛皮骨、玩具等是狗狗比较喜欢的护牙工具，它们是采用磨擦的方式减少牙垢的累积。

（4）如果半岁后狗狗的乳齿仍不能自行脱落，这些乳齿就不会再自行脱落了。主人可以尝试帮助摇晃一下乳齿，如仍没有进展就需要请医生协助拔掉乳齿。

（5）牙周疾病以预防为主，严重情况下一定要就医。如果发展到齿槽脓肿、齿龈瘘管，就必须将感染的牙齿拔除才能根治。此外，还要用消毒水灌洗感染区的齿槽与瘘管，并搭配抗生素治疗。

重点提示：

千万不要自行用硬物去刮牙齿表面以去除牙石，以免伤害珐琅质，反而制造出更多适合牙菌斑附着的表面。

内在问题好好处理

肾病防御在日常

肾脏的主要功能是排泄废物及调节水分与电解质，是相当重要的器官。通常医生会采取抽血检查尿素氨值，来判断狗狗是否患有肾脏疾病。正常的尿素氨值通常在30以下，尿素氨值越高，就表示肾脏排泄毒素的功能越差。判断狗狗肾脏疾病严重程度的另一项指标是肌酸。它是由毒素累积在身体之中产生的一种由肌肉所代谢出来的物质。正常肌酸的值在2以下，如果两项检测值都超过正常标准，狗狗罹患肾衰竭的可能性很高，超过越多，就越危险。

别怀疑，狗狗也要“养肾”。这可不是一件简单的事。

Question 听说狗狗患有肾病被主人察觉的时候都已经很严重了，怎么从日常生活中发现狗狗肾脏出现了问题呢？

Answer 确实，肾脏会不知不觉地被感染。肾脏出问题时，往往肾元细胞的损害已超过75%了。狗狗因为不会说话，所以身体不舒服一定要靠主人观察。很多疾病在发病初期可能就会有症状，主人如果不注意的话，很容易错过最佳治疗时间。

（1）一般狗狗在患病的初期没有明显症状。一旦发现狗狗出现口渴，饮水多、多尿这些表现主人还是要留心。如果同时伴有腹泻、呕吐、被毛蓬松和迅速消瘦等症状，就要高度怀疑狗狗的肾脏出了问题。

（2）肾病到后期会发展为慢性肾衰竭，肾脏彻底失去功能，导致毒素无法排泄，毒素开始在狗狗体内积累。此时观察狗狗会发现其食欲不良、精神不振、呕吐、甚至出现血便，等等，同时还伴有泌尿系统问题，易渴、多尿，又或者无尿、寡尿。此时，狗狗出现肌肉震颤，口中有臭气。尿检可发现尿的比重增加，还可检出少量蛋白肾上皮细胞、红细胞、白细胞和病原菌。

（3）不要因为主人自己的时间有限，就限制狗狗排尿次数。即使投喂人类的食物也要给狗狗特制成低盐或者无盐的。如果和主人吃同样的食物， 会导致狗狗肾脏因为盐分负担过重而受损。

正确护理的方式：

（1）对于患有肾炎的狗狗需要进行对症治疗、消除病因。尤其是要加强护理，提供营养丰富的乳品，限制肉类及食盐的摄入。

（2）如果狗狗发生呕吐，可以通过不限制饮水或补液的方式，以保持正常水合作用，避免应激反应。

（3）目前的治疗方法不可能治愈肾衰竭，但正确的治疗和护理能改善狗狗的生活质量。

（4）对于患有肾衰竭的狗狗来说，调整食物成分可以满足狗狗的营养和能量需求，改善尿毒症的临床症状，减少电解质、维生素和矿物质紊乱，从而减缓肾衰竭的过程。

（5）定期监测狗狗各项生理指标和体检是治疗的重要组成部分，食疗与用药应根据病情而定。

重点提示：

狗狗常见肾部疾病还包括肾结石。主人可观察到狗狗出现肾盂、肾炎症状，如血尿。当结石移行的时候，狗狗会出现急性腹痛、弓腰、步态紧张的现象，还会出现大声嚎叫的行为，常做排尿姿势。对于患有肾结石的狗狗，可试用中药滑石散治疗。

从不吃糖却得了糖尿病

国外有调查显示，近年来宠物医院接待的患有糖尿病病犬的数量比30年前增加了30%。由于糖尿病进程缓慢，当狗主人发现狗狗患上糖尿病时，它可能已经病入膏肓了。及早发现糖尿病，对狗狗日后的治疗很有好处。

狗狗也会得糖尿病？这不是危言耸听，赶紧来看看吧。

Question 狗狗的糖尿病是因为肥胖造成的吗？从来不吃糖的狗狗也会患上糖尿病吗？

Answer 超重、肥胖是诱发狗狗糖尿病的原因之一。不过狗狗的糖尿病多是遗传性疾病或自身免疫性疾病。药物副作用、胰脏功能失调等因素诱发狗狗糖尿病的可能性更大。因此，从来不吃糖、生活习惯较好的狗狗也会患上糖尿病。糖尿病以8~9岁的狗狗为多见，母犬的发病率是公犬的2~4倍。

（1）狗狗患糖尿病的普遍症状和人一样为“三多一少”，即食欲亢进、大量饮水、尿量大增，但体重下降。这是因为，狗狗为了将血液中无法吸收的葡萄糖排除，只能增加饮水量和适量，促使尿量和次数增加。但由于元气消沉，倦怠、易疲劳，尽管吃得多，狗狗体重还是会下降。

（2）当病情进一步发展，狗狗尿液中的葡萄糖含量升高。尿液中会带有特殊的烂苹果味。严重时，呼出的气中还会含有酮的气味，此时还会伴呼吸窘迫、脱水，出现顽固性呕吐和黏液性腹泻症状。病程继续发展的话，狗狗会出现少尿或无尿表现，身体极度虚弱而陷入糖尿性昏迷。

（3）如果不进行治疗，糖尿病会给狗狗身体带来系统性损伤，眼睛和肝脏最先受到影响，可能引发角膜溃疡、白内障、玻璃体混浊，视网膜剥离，并发展成视力完全丧失，出现皮肤溃疡、掉毛、心衰。不仅如此，长期的尿糖还会对狗狗肝脏造成严重影响。

正确护理的方式：

（1）患有糖尿病的狗狗一般需要食用专业的糖尿病处方食品。不可随意食用其他食物，更不可吃零食。喂食量应遵循医嘱，一般让狗狗每日进食2次。

（2）主人需学会使用试纸测试狗狗血糖浓度，随时观察以控制病程发展。同时根据医嘱学习在家给狗狗注射胰岛素。

（3）因为超重会导致狗狗的身体对胰岛素反应不敏感。所以，运动在维持狗狗体重、控制血糖中起着相当重要的作用。同时，运动还可以促进血糖下降和消除肥胖引起的胰岛素抵抗，增加血液和淋巴流动、刺激葡萄糖转运进入肌细胞。

重点提示：

尽管患有糖尿病的狗狗每天都应进行运动，但主人还是要避免让狗狗进行过度或激烈的运动，因为这会造成狗狗在葡萄糖需求上的剧烈变化。

“扑通扑通”心慌慌

在狗狗最致命的10种疾病中，心脏病列于首位。当狗狗步入老年，身体机能逐渐老化时，心脏病便悄然而至。由于心脏病病程发展较缓慢，初期明显症状为咳嗽，一般主人带狗狗看急诊时都误以为狗狗只是感冒了。因此，通常主人发现病情时，狗狗的病况已经非常严重了。如果那些心脏病信号得不到主人的重视，很有可能就错过了给狗狗治疗的最佳时间。

心脏是哺乳动物身上最重要的器官之一，狗狗也不例外呀。

Question 如果狗狗患上的是由老年化产生的心脏病，作为主人要如何预防？哪些症状是需要注意的？

Answer 引起狗狗心脏衰竭的原因，先天后天都有，但狗狗患心脏病主要是自己身体的先天缺陷造成的，如心脏形成层、心脏的传导系统或血管的缺陷。虽然没有专用家庭测量工具，但狗狗出现下列症状，就要怀疑是它患上了心血管疾病。

（1）出现低沉的、能引起窒息的咳嗽，呼吸急促。咳喘频繁，即使睡觉时狗狗也可能被咳醒。运动后也容易发生咳嗽。心脏病可以潜伏好几年时间，而最明显的症状之一仅仅是咳嗽。

（2）狗狗运动体能降低，容易疲劳，不愿走动，活力变差。但由于这些都是狗狗变老后的普遍情况，容易被主人忽视。

（3）出现明显的体重上升或下降，精神沮丧、牙龈发白也是狗狗患有心脏病的重要表现。

（4）狗狗的胸围或腹围增大，出现水肿，如全身性水肿、腹部水肿或肺部水肿。当同时伴随剧烈咳嗽时，不要忽视狗狗“变胖”。

（5）当狗狗出现休克、癫痫、舌头变蓝这些症状时，基本上已经是心脏病的晚期了，如果还不及时救治，会有生命危险！

正确护理的方式：

（1）对患有心脏病的狗狗，应尽量让其安静休息，避免过度兴奋或激烈运动。

（2）应限制狗狗过量饮水。多喂适宜消化，富有营养和维生素的食物。比如用维生素B_1按每千克体重每次喂服30毫克，每天一次，连用3~5天；另外可使用维生素C，按每千克体重每次喂服50毫克的剂量，每天一次，连用7~14天。

（3）心脏病的护理原则是减轻心脏负担，缓解呼吸困难和增强心肌的收缩力。有条件的家庭可让狗狗吸氧。

（4）在医师的指导下，使用利尿剂缓解狗狗尿少和水肿明显的症状。按时按量喂服速效、高效的强心剂，进而增强心肌的收缩力。

（5）心脏病的预防重点在于生活习惯。保证狗狗作息正常、均衡营养，少食高盐或者高蛋白的食物，一年四季坚持让狗狗适度运动，保持良好的血液循环。

（6）换季时留心有心脏病史的狗狗，避免让其感冒，注意饮食规律。多留心观察狗狗后腿胯下股动脉的活动，若青筋浮现、脉动加速，同时出现了咳嗽急喘等情况，就有可能是心脏病复发，要尽快送医。

重点提示：

狗狗的心力衰竭无法治愈，只能通过合理的治疗手段来控制病情，延长寿命，请定期对老年犬进行体检，这是及时发现病情的必要手段，不要延误治疗。

对于容易激动的患有心脏病的狗狗，主人要提示来访的亲朋好友，尤其是小朋友不要跟其过度玩耍，避免其发生急性休克。

泌尿道的难言之隐

与人类尿路感染的病因相似，狗狗尿路感染也是由病原体侵犯尿路黏膜或组织引起的尿路炎症。这类炎症多数是由细菌直接引起的，真菌、原虫或是病毒感染也可引发这方面的疾病。

狗狗患有泌尿系统疾病相对来说容易被发现。排尿行为异常及尿液颜色异常都是最常被观察到的症状。

Question 平时排泄习惯很好的狗狗，突然出现不受控制的四处排尿，并且出现滴尿情况，这是狗狗行为出现问题还是尿路感染？应该怎么办？

Answer 狗狗到处抬腿撒尿，一般是领地或雄性意识导致的，但如果是不受控制地四处撒尿或者滴尿的话，要考虑是不是有尿路结石问题。当狗狗有泌尿道问题时，会出现以下表现：

- 排尿疼痛
- 排尿异常
- 尿失禁
- 尿液颜色异常
- 红色尿
- 褐色尿

（1）当狗狗患有下泌尿道、生殖道感染、膀胱或者尿道结石等时，其舔舐泌尿生殖道口的频率增加。排尿次数增加，但排出尿量很少或干脆没有。有时发出呻吟。常伴有疼痛及血尿。如果原本只在户外排尿的狗突然在家里尿尿，主人一定要加以重视。

（2）如果尿路感染比较严重，主人会观察到黏液性或脓性的尿道分泌物，甚至排出坏死脱落的尿道黏膜。

（3）泌尿道异常的狗狗常会伴有尿液的异常味道，严重的可能会有腥臭味。狗狗患了泌尿道感染后，由于疼痛，一些狗狗小便时会出现弓背动作。尿液呈断续排出，尿道口红肿。

（4）狗狗突然在家尿尿或者滴尿，可能是因为泌尿道感染无法控制自己排出小便。

狗狗尿路感染不是小事，发现其有类似尿路感染的病症就应该送医诊断然后治疗。如果确定狗狗已经尿路感染，可以尝试以下方法对其进行护理：

正确护理的方式：

（1）狗狗出现泌尿道感染情况时，主人应收集新鲜的尿液，去医院做尿液检查。一般情况下泌尿道的感染可用适当的抗生素加以控制。其他泌尿道感染疾病应当遵医嘱治疗。

（2）为了防止细菌在泌尿道内停留过久、不当增殖引起发炎，应当鼓励狗狗多喝水，增加尿液灌流频率。

（3）有在户外排尿习惯的狗狗应增加出外散步的次数，防止憋尿的情形发生。

（4）造成狗狗尿结石的一个重要原因是长期饮用含钙质高的水，或者摄入过多含钙高的食物，导致尿中钙盐浓度过高，进而沉积在尿道膀胱或肾脏。因此要改变狗狗的饮食种类，增加维生素A的摄入，或根据医师的建议换用对应饲料。

（5）长期饮水量过少也容易引发尿结石。应增加狗狗饮水量，促进尿液生成，降低尿液中的矿物质的浓度，避免结晶产生。

（6）定期做尿液检验，掌握尿液酸碱值控制状况。如果发现狗狗的尿结石过多、过大，主人就要考虑给它做手术了。

重点提示：

为狗狗选择药物来治疗尿路感染不可大意，作为主人，不能随便、盲目地自行给狗狗用药治疗，一定要去专业的医院先诊断，然后根据医生的建议来对狗狗进行治疗。

这位壮士，你骨骼清奇啊

大多数狗狗都喜欢而且擅于奔跑，因此强健的骨骼对于它们来说是相当重要的。如果骨骼出现问题，除了会影响到狗狗的运动能力，还会给生活带来很多不便，也会影响它们的寿命。对于狗狗骨骼的养护要讲究方法，在家庭饲养的过程中，因为饲养不当而造成狗狗前腿或后腿的变形是十分普遍的现象。

狗狗骨骼的变形对身体会造成一定的危害，主人一定要增强喂养常识，精细化饲养。

Question 狗狗常见的骨骼疾病包括哪些？有没有预防方法？

- 遗传性关节病
- 软骨病
- 骨瘤
- 缺血性股骨头坏死
- 关节和骨感染
- 退化性关节疾病
- 多发性关节炎

（1）有些狗狗天生易患关节病，如髋关节发育不良、肘关节发育不良或缺血性股骨头坏死。

①犬髋关节发育不良是基因造成的。由于狗狗股骨头发育异常，与髋臼不匹配，因而磨损和破裂，导致并引起疼痛，一条或两条后腿变跛。幼犬喂食过多，也是形成此病的重要原因。

②肘关节发育不良包括许多种关节问题。常在4~10个月的幼犬身上发生，造成跛足，运动还会使病情加重。

（2）软骨病多发生在肩、肘和跗关节处。此病会影响幼犬的发育。由于一片片发育不完全的软骨浮在关节里，会影响到狗狗关节运动的灵活性。体形大、发育快、膳食中含高能量的狗狗是这个病的高发犬种。

（3）4～12个月的幼犬容易罹患缺血性股骨头坏死。该病也被称为帕瑟病。是由于股骨头处的血管受到损伤而导致股骨头坏死，从而跛足。

（4）退化性关节疾病有时会被不准确地称为“关节炎”。该病特指的是软骨受伤后失去自我修复功能，形成退化性关节疾病。发病初期，狗狗会在运动中体力下降，随着病情发展，出现四肢僵直、跛足。初始时病症时断时续，逐步发展成永久性跛足。

（5）多发性关节炎由免疫疾病、感染或药物过敏引起。该病并不常见，病发时狗狗会出现发热、皮肤疹子、淋巴结肿大还有发炎等症状。

（6）骨感染是细菌通过穿透性伤口或通过血液传输感染关节，造成跛足。骨感染也叫骨髓炎，骨骼一般不易受感染，但某些细菌能通过伤口、蚊虫叮咬、异物的接触以及血液感染骨骼。发烧、食欲下降、体重减轻、精神不振、感染处周围皮肤温度升高、肿胀是骨骼受到严重感染时的症状。

（7）骨瘤中狗狗最常患的是骨肉瘤。骨瘤的先兆就是跛足和疼痛，此肿瘤非常容易扩散。当骨瘤被发现时，狗狗的癌细胞极可能已经扩散到身体各部位，如肺部和肝脏。

（8）骨折多半是交通意外造成的。骨折分开放性和无创性两种。无创性骨折虽看不见伤口，但触痛并肿胀。幼犬中常见的是不完全骨折，也叫旁弯骨折。此时，骨头只朝一个方向折断，另一面只是受到张力。长骨骨折后的狗狗，腿部不能承受重压。

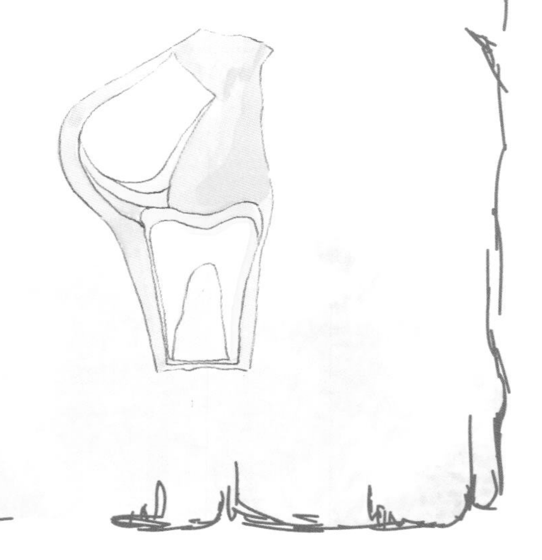

（9）脱臼是指两根骨头连接处的关节面相互脱离。

正确护理的方式：

（1）有些狗狗天生易患关节疾病。不要把幼犬喂得过胖，也不能让未发育完全的四肢负重。如遇到长得快又易患关节病的犬种，一定要科学喂养。

（2）金毛寻回犬、拉布拉多犬、阿拉斯加犬和德国牧羊犬等天生容易髋关节发育不良，一般只需药物的治疗就会见效。而病情严重的，需外科手术矫正。

（3）伯恩犬、拉布拉多犬和金毛寻回犬及罗特韦尔犬易患肘关节发育不良。通常需外科手术修复患病关节。

（4）软骨病多发于体态大、发育快、膳食中含高能量的犬种。有些狗狗只需要简单的休息就可以恢复，而有些则需外科手术摘除浮动的软骨。

（5）体形较小的如狮子狗、西部高地白犬的股骨头处的血管最易受到损伤，易

患股骨头坏死。手术是治疗缺血性股骨头坏死的唯一方法。

（6）控制体重、增加运动并减轻疼痛是退化性关节疾病治疗手段。狗狗的体重应该和它的品种和性别成适当的比例。保持合理膳食，适当、合理的运动，如散步和游泳，对此病比较有利，不过要避免跑步和取食游戏这种剧烈运动。适当补充葡糖胺和软骨素，能给关节软骨带来益处。

（7）多发性关节炎会随着停止使用过敏药物后消失。

（8）遵医嘱，持续使用抗生素是关节和骨质感染的治疗手段。

（9）脱臼、骨折和患骨瘤的狗狗应求医以进行正确及时的治疗。

重点提示：

狗狗患有骨骼方面的疾病，多半需要主人在日常生活中多多关照。正确地饲养才能尽可能避免疾病的发生与发展。

（1）为了狗狗的健康，主人应在家中狗狗经常玩耍和休息的地方铺上防滑垫，让它们能稳定站立。因为，狗狗会为了在光洁的地板上更好地站立行走而改变正常的站姿，导致后腿变形，影响狗狗在平时的运动中后腿对整个身体的推动。

异常站姿包括下面两种：

①一般矮脚长身的狗狗为了站稳会把后腿尽量往后伸展。如腊肠犬、威尔士柯基犬等。

②为了站稳，狗会把两条后腿与前腿贴近，造成翘臀。

（2）在狗笼子里加上一个专用的塑料托盘，能让狗狗稳稳地站在上面，保护它们的足爪。普通铁丝网底的笼子会让狗狗无法站稳而把脚趾分开抓住细铁丝，造成狗狗的脚趾分叉，影响狗狗在正常路面上的行走。还有可能出现两前腿间距过窄使脚掌外翻或形成罗圈腿，或两肘外翻使两肢间距过宽，形成后腿外八字以及两后肢间距过窄等异常表现。

（3）因楼梯的深度过浅，狗狗在上楼梯时会尽可能地拱起身体。每天爬楼梯锻炼的狗狗会出现腰椎和关节方面的问题。当狗狗逐渐步入中老年时，问题便会显现。因此，如金毛寻回猎犬、腊肠犬、京巴犬等一些本身很可能就带有关节遗传性疾病和长身形的犬种要避免上下楼梯。

（4）如果狗狗的后腿已经变形了，可以这样处理：

①每天持续20~30分钟，在平坦的路面爬坡。或者买一款带斜坡的跑步机。

②每天帮狗狗做后腿拉伸和蹬地练习，把它们的后腿向后慢慢拉开，往复多次。

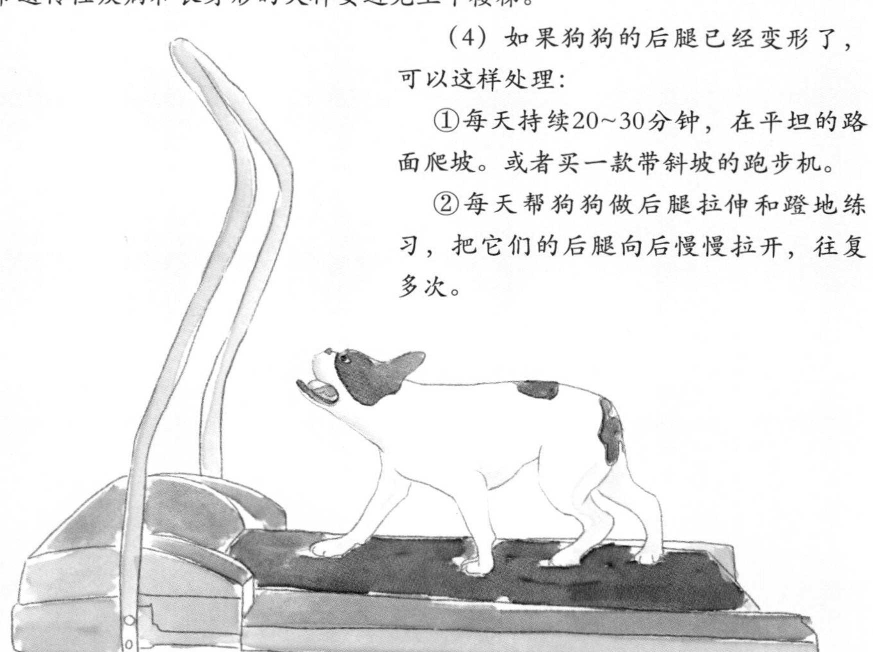

糟糕，狗狗骨折了

由于狗狗对疼痛的耐受力较强，对于一些因外力冲撞、跌落、挤压和压迫等意外原因造成的骨折，主人并不能第一时间发现，往往是狗狗在受伤12小时后，因出血或炎症引起肿胀才发觉情况不对。如果骨折发生在四肢，可以观察到狗狗呈重度或中度跛行，有的狗狗还会将患肢垂悬，仅仅用其他三肢跳跃前进。

如果是开放性骨折，需要主人立即采取紧急救护。

（1）止血。在狗狗开放性伤口上方用绷带、布条或绳子进行结扎止血。

（2）上药。在狗狗伤口上涂上碘酒，创口内撒上碘仿磺胺粉。

（3）用绷带、纱布、树枝和木板等对狗狗骨折处进行临时的包扎固定后，送医救治。

骨折后狗狗的护理：

（1）给狗狗喂服云南白药，同时增加营养摄入，每次喂服维生素A、维生素D、钙片以及鱼肝油，必要时，还可同喂葡萄糖酸钙口服液。

（2）对开放性骨折的狗狗，应使用抗生素，同时注射破伤风针。

（3）如果狗狗食欲不振，或出现脱水现象，主人应立即带其至医院进行输液等支持治疗。

Part 5 可怕的传染病

犬瘟热，幼犬第一关

犬瘟热多发于2~4个月的幼犬，是一种死亡率高、治疗周期长的传染性疾病。一般狗狗感染上犬瘟热之后治愈率都比较低。犬瘟热的潜伏期为3~6天（最长17~21天），病程长达1个月左右。患病后康复的狗狗可获终身免疫。此病冬春发病为主。此种病毒大量地存在于狗狗鼻液、唾液、眼分泌物、血液、脑脊液、胸腔和腹腔液及实质脏器内，健康犬主要通过呼吸道和消化道感染。

可怕的犬瘟热，一定要早发现、早治疗。主人一定要对狗狗提前进行免疫疫苗注射。

Question

犬瘟热早期主要表现为感冒症状和肠炎症状，很像一般的感冒咳嗽，死亡率又很高，怎么及时发现狗狗患上了犬瘟热呢？

Answer

本病有3~6天的潜伏期。

狗狗发病初期精神不振，流水样鼻涕、打喷嚏，体温可升高至40℃左右，持续8~18小时后，会出现1~2天的无热潜伏期。之后体温再次升到40℃左右。持续数天，在感染的初期，早晚体温升高是犬瘟热的一个很明显的特点。很少狗狗会在发病期的头2~3天死亡。虽然家庭没有专用测量工具，但狗狗如果出现下列症状，就要怀疑是犬瘟热。

当体温第二次上升时，狗狗会有三种类型的表现：

（1）呼吸道感染的病犬，精神倦怠，食欲减退，眼鼻流浆性分泌物，体温升高至39.5℃，呈双相热型，体温升高时还表现为食欲废绝，眼角有红色血丝，眼泪很多，有泪痕，眼皮分泌物为脓性，甚至会把眼睛粘上。还伴有咳嗽、呼吸困难，甚至发生肺炎，眼睛和腹部皮肤还有丘疹及脓疮。脚底的肉垫开始发硬，鼻子及肉垫甚至干裂，心跳加快。

（2）急性胃肠炎型狗狗会突然绝食、拉稀，粪便呈粉红色黏稠胶冻样或红褐色水样，伴有腥臭，还间或呕吐，并且迅速脱水。

（3）神经症状型的狗狗表现多为共济失调，后躯麻痹，突然惊厥、昏迷或癫痫发作，尖叫，多在1~2天内死亡。

正确护理的方式：

（1）本病很难治疗，以对症和扶持疗法为主，才可降低死亡率。

（2）家庭中要对患病狗狗及时隔离治疗，防止相互传染，扩大传播，并对运动场地进行彻底消除。

（3）按时、及时注射疫苗。如果同窝狗狗中有一只发现感染，应立即对其他犬注射犬瘟热弱毒疫苗，可迅速控制疫情。

（4）在治疗期间，输液中的狗狗会反复多次排尿，尤其是小狗。特别要注意监护心肺功能，如发现心率过快、呼吸困难、频频挣扎、呕吐等现象，应立即通知医生处理。

（5）犬瘟热病程长，在治疗过程中护理工作十分重要。一般而言，要保持狗狗生活在干燥舒适的环境中，少吃多餐，多食用易消化食物。

重点提示：

犬瘟热的潜伏时间较长，所以一旦有了发病的症状，就说明狗狗感染这种疾病已经有一段时间了。该病的初期症状与感冒类似，所以当狗狗发生感冒症状时最好多留意，尤其是幼犬及没有打过疫苗的小狗，越早治疗，生还的机会越大。

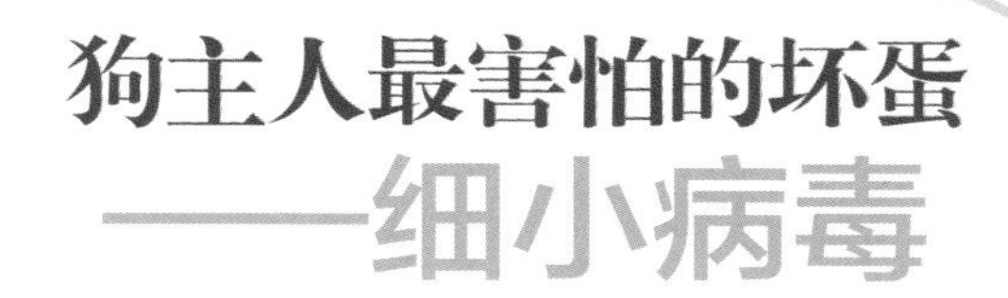

狗主人最害怕的坏蛋——细小病毒

4～12周龄的幼犬最易感染细小病毒而得病，这种病属于一种急性传染病。细小病毒的流行无明显季节性，但在寒冷的冬季较为多见。如果治疗不及时，是有丧命危险的。所以各位主人在饲养幼年狗狗的时候，一定要特别注意这个问题。

对付细小病毒，首要的手段是预防。

Question 细小病毒的传染方式是什么，主人需要注意哪些地方？

nswer

细小病毒的传染方式是消化道传染。

被感染此病毒的狗狗的排泄物或分泌物污染的食物、食具、饮水、环境都可以传染病毒。而康复犬的粪便中可长期带毒。当没有打过疫苗的，尤其是3个月以下的狗狗出现肠胃疾病的时候一定要特别地注意，尽早去医院检查。因为狗狗患上犬细小病毒的表现和急性肠胃炎很像，都会出现呕吐、拉稀、便血等症状。

（1）3~6周龄的患病小狗多以心肌炎综合征为主。精神尚可，仅有轻度腹泻，个别病例会呕吐。具体表现为幼犬呼吸困难，心悸亢进，可视黏膜苍白，体质衰竭。心肌炎型病犬病程急，恶化迅速，常来不及救治即已死亡；

（2）成年狗狗多以肠炎综合征为主。肠炎型综合征潜伏期为7~14天。狗狗此时精神沉郁，食欲废绝，一般先呕吐后腹泻，粪便含多量黏液，呈黄色或灰黄色。病后2~3天，粪便有特殊腥味，呈番茄汁样，混有血丝。很快呈现脱水症状，体温升至40℃以上，渴欲增加。有的狗狗到后期体温低于常温，可视黏膜苍白，尾部及后腹部常被粪便污染，严重者肛门松弛。不过，肠炎型病犬如果能得到及时、合理的治疗，可明显降低其死亡率。

正确护理的方式：

（1）感染细小病毒的小狗因为过度呕吐、腹泻，体能和水分消耗过多，外周循环障碍明显，所以会出现休克和低体温症状。体温降低过快会加速狗狗死亡，所以保暖尤其重要。

（2）感染细小病毒的狗狗需要禁食禁水来让肠道休息，以减少负担。通过每天多次的补液基本上已经能满足小狗的生命需要了，过度的饮水只会刺激狗狗反复呕吐，越喝越吐并加剧病情。生病过程中需要禁食，待情况好转后要让狗狗慢慢地主动进食一些易消化的食物。此时由于肠道损伤依然没有完全恢复，最好给予一些肠道处方粮以减轻胃肠道负担，但换粮的过程要渐进，不要一次全换过来；也可以补充一些肠道益生菌，并把狗粮泡软了再给狗狗吃。

重点提示：

治疗的第3~5天是最为艰难的阶段。这个阶段，狗狗的病情严重，十分痛苦。很多主人不忍心狗狗受苦，容易过早丧失信心，放弃治疗。其实，只要度过这个阶段，感染细小病毒的狗狗很少有死亡的，有时候希望就是一步之遥，不要丧失信心。

主人最不愿提起的疾病——狂犬病

狂犬病是一种人跟各种动物都可以感染的疾病，其病源是狂犬病毒。与其说怕狗狗得狂犬病，不如说是主人对狂犬病更害怕。因为，该病是迄今为止人类唯一发病致死率达100%的传染病。全球每年约有6万人死于该病！

Question 狗狗患上狂犬病有哪些症状表现？

Answer 发病初期，狗狗的主要表现是精神沉郁，举动反常。

比如平时乖巧活泼好动的狗狗突然不听主人呼唤，总是藏在暗处。同时出现异嗜迹象，碎石、木块、泥土等都有可能成为它们的食物。病发不久，狗狗开始出现狂躁不安，无目的地奔走，出现攻击人畜的行为。它们通常逐渐消瘦，下颌下垂，尾巴夹在两条后腿之间。恐水、怕风、兴奋、声音嘶哑，流涎增多，吞咽困难。后期，狗狗会出现进行性瘫痪，最后因呼吸、循环衰竭而亡。

Question 狗狗可能会从哪些途径感染狂犬病？

Answer 狂犬病的感染途径是多方面的。

一般来说，在野外被感染的概率比较大。如狗狗被带有狂犬病病毒的动物——狼、狐、鹿、蝙蝠、其他狗狗或者猫咪等咬抓伤；狗狗身上有伤口，接触过感染后的动物；捡食因患狂犬病死亡的动物的尸体都可能让狗狗受到感染。近年来，有研究表明，该病可经呼吸道和消化道感染，发病以春、夏为多。

防治措施以定期进行预防接种为主。

① 每次注射，可获1年的免疫期。接种后一般没有不良反应，有时会在注射局部出现肿胀，很快即可消失。

②如果被其他患病动物咬伤，应立即紧急给狗狗进行预防接种。3～5个月，间隔接种2次。

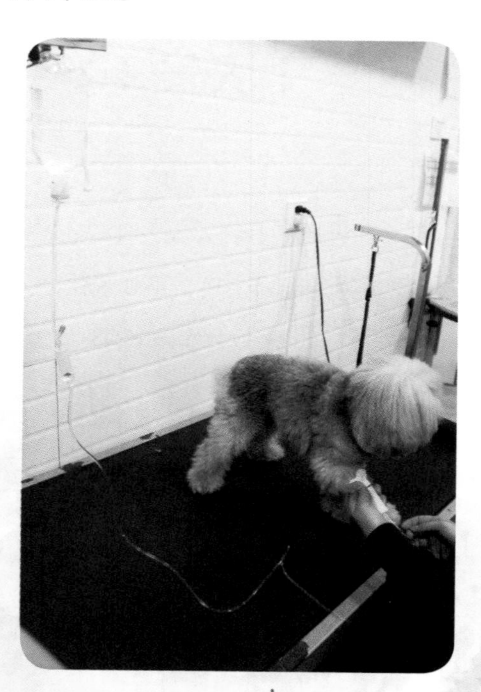

重点提示：

体弱、临产或产后的母犬及幼龄犬都不宜注射。注射后7日内的犬，应避免过度训练，并注意观察其健康状况。

Part 6
生儿育女关关过

狗的妊娠期平均为62天，58~64天都属于正常周期。对这一时期狗狗喂养的重点是供给营养合理全面的食物，增强狗狗的体质以保证胎儿的正常发育，防止狗狗流产，并且避免造成产后乳汁不足或根本没有乳汁。

Question 狗狗怀孕期间应该如何做好护理、保证营养以及生产安全？

Answer 不同时期，主人要有针对性地对怀孕的狗狗进行护理。

（1）狗狗怀孕初期。由于胎儿还较小，不必特意给狗狗准备特别的饲料。三餐定时即可，不能早一顿晚一顿。同时，主人应注意饲料的适口性，改善狗狗在妊娠初期食欲较差的情况。

（2）1月后，由于胎儿开始迅速发育，主人需要增加食物的供给量以满足这一时期狗狗对各种营养物质急剧增加的需要量。同时，还应给狗狗补充如肉类、动物内脏、鸡蛋、牛奶等富含蛋白质的食物，骨头汤、鱼汤更佳。

（3）胎儿长至1个半月左右时，应增加喂养次数，由早晚饲喂，增为早中晚3次。

（4）在妊娠后期，视情况在60天左右，主人应将狗狗的喂食次数增加到每天4次。增加一些易消化的饲料，以促进胎儿骨骼的发育。但由于胎儿将狗狗的腹腔膨满，此时要多餐少喂。千万不要饲喂冰冷的食物和饮水，以防流产。

（5）临产前的狗狗因不安会出现拒食。千万不可强迫狗狗进食，此时要供给盐水或清水，预防狗狗的胃肠负担过重，不利于分娩。多安排狗狗在室外进行日光浴和进行适量的运动，以促进母体及胎儿的血液循环，保证母体和胎儿的健康。冬夏两季主人尤其要注意，不要让怀孕的狗狗暴晒或受寒。

重点提示：

(1) 妊娠期间可对狗狗进行适当梳理，以促进皮肤的血液循环。长毛的狗狗应在产前剪去乳头周围的被毛。

(2) 特别注意乳头和阴部的卫生。分娩前一个月每隔几天用温水和肥皂将狗狗乳头洗净擦干，防止乳头感染。

(3) 在妊娠期间，发现狗狗患病要及时就医，切勿自行投药，以免造成胎儿畸形或者引起流产。

(4) 不要让外人观看怀孕的狗狗，保证其休息。狗窝要宽敞、清洁、干燥，空气流通，光线较暗。

生产时，主人这样做

一般来说，只有在难产的时候狗狗才需助产，正常情况下，狗狗可以靠本能完成生产全程，自然地产出犬仔，并能自行咬破并吃掉胎膜，咬断脐带，舔净仔犬身上的黏液。但有些品种的狗狗生育能力较差，因体形原因容易难产，就需要主人多加留心，然后寻求宠物医师的帮助。少数狗狗产到第3个胎儿后，因气力不足，无法自行处理仔犬，需要主人给予适当的接产帮助或其他的照顾。

Question 狗狗分娩时的注意事项是什么？如果出现难产的情况，该怎么帮助它？

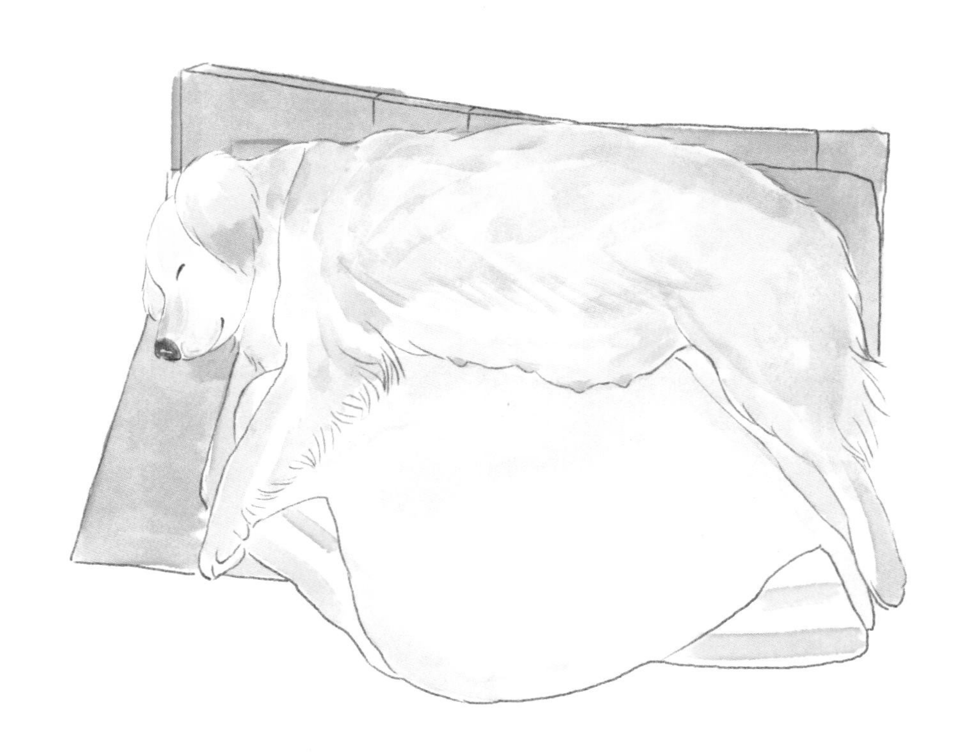

Answer 狗狗分娩应该这样做：

（1）临产前，主人应该为狗狗准备一个足够大的纸箱或者是窝作为狗狗的产房，里面垫上狗狗尿布。产房需要在安静、远离主要街道的房间，大小以狗狗有足够的位置躺下且能伸展四肢为宜。

（2）准备剪刀、碘伏、缝线、干净毛巾、脱脂棉或者棉签，以准备为没有经验的狗狗助产。

（3）分娩前1~2天，狗狗会出现用爪刨地、啃咬物品的情况，主人可观察到其精神不安，四处寻找僻静、黑暗的地方，初次生产的狗狗这一表现更为明显。说明此时狗狗正在准备它生产用的地方。

（4）临产期，狗狗外阴部和乳房部肿大、充血，可挤出乳汁；阴道内流出水样透明黏液，同时伴有少量出血。即将生产时，狗狗会出现阵痛、排尿次数增加、呼

吸加快、发出呻吟尖叫声，亲密的主人可近处密切观察，但其他人要远离产房。

（5）当狗狗的腹部明显收缩，开始经常性地起立坐下，频繁舔舐阴部时，狗狗正在为新生命的出生而努力。这些动作将持续20~60分钟，第一只幼犬就会出生。生产后狗狗自己会舔掉幼犬身上包裹着的一层羊膜以及胎盘，还会把脐带咬断。

（6）在幼犬出生后为了促进其排尿排便。狗妈妈会舔舐小狗肛门和尿道，如果幼犬数量过多，狗狗来不及一一处理，主人可以协助其用稍微粗糙的卫生纸擦拭肛门和尿道。如果产后的幼犬过多，要注意相对瘦弱的幼犬能不能吃到奶，如果不能，要进行人工哺乳或给其他狗狗代养。

（7）分娩结束后，给狗狗饲喂一些葡萄糖水和哺乳期专用奶粉，供给足够的水。如果狗狗愿意进食，可饲喂少量肉食。每日四餐，少食多餐。产后狗狗会进入大约四周的子宫修复期，排出暗红色恶露，产后12小时变成血样分泌物，2~3周后则变成黏液状，一个月后，停止排出恶露。

哪些时候主人需要出手?

（1）第一次做妈妈的狗狗不会舔小狗，不会在必要的时候撕开膜或者咬断脐带，或者狗狗因为各种原因不去理睬还包裹着胎膜的幼犬，这时候主人必须插手，否则小狗就可能要夭折了。

①将胎膜撕开，将幼犬保持头下脚上的姿势，擦净仔犬身上及口、鼻的黏液。擦拭幼犬，促进呼吸。

②用碘伏将事先准备好的剪刀和缝线消毒。先用碘伏擦拭，再用75%酒精脱碘或者直接擦手，确保自己的手是干净的。在离狗狗体壁1~2厘米的地方，用缝线结扎

脐带，并用剪刀剪掉多余部分。带有缝线的部分会随着幼犬的生长脱落。

③最后要把小狗放到狗狗的嘴边，让狗狗舔干净小狗的毛。

（2）刚出生的幼犬，如果鼻腔被黏液堵塞或羊水进入呼吸道，会造成窒息、假死。主人需要立即将仔犬两后腿倒提起来头朝下，把羊水排出，然后擦干口、鼻内及身上的黏液。也可有节律地按压胸壁施行人工呼吸。最后把幼犬轻轻地放到狗狗乳头附近，让其吃奶。

重点提示：

千万别把一切意外问题都揽在自己身上，如果幼犬出现了一些让你感到棘手的问题，还是要及时上医院，求得专业人士的帮助。

哺乳期的狗狗要重点关注

怀孕的狗狗分娩后即进入哺乳期，这一时期应保证其体内的营养需要，配置全价平衡、适口性好、容易消化的食物，确保其产奶，促使幼犬正常发育。

Question 哺乳期狗狗的喂养有哪些注意事项？

Answer 要注意以下的事项：

（1）狗狗在产仔的6小时内会非常虚弱，主人只需提供清洁水。过后几天以营养丰富的流食或半流食为主。牛奶冲鸡蛋、肉汤泡大米饭、豆浆等都比较合适。

（2）度过这一时期，喂养时就需要考虑狗狗的需要了。哺乳期的第一周食物比平时增加50%，第二周增加1倍，第三周最大量可增加到3倍量，视狗狗情况而定。

之后逐渐减少饲喂的次数，但每天不少于3~4次。饲喂要定时定量，不要随意改变食物，以免引起其消化障碍。

（3）足量供应清洁的饮用水。常检查幼犬吃奶情况，对泌乳不足的母犬可喂红糖水、牛奶，也可将亚麻仁煮熟后拌在食物里以增加乳汁。

（4）搞好母犬的梳理和清洁工作。每天用含有消毒药水的棉球擦拭乳房，再用清水洗净，并认真检查乳房状况，以防乳房发炎。

（5）天气暖和的时候要带母犬每天至少2次去室外散步并进行适当活动，每次由半小时增至1小时左右，但避免剧烈活动。

（6）及时更换垫料，搞好室内卫生，每月应消毒1次。此外，还应注意保持周围环境安静，避免强光刺激，让母犬与幼犬得到很好的休息。

哺乳期小狗狗的日常管理

除搞好哺乳外，加强日常管理是十分重要的。对于哺乳期的仔犬来说，由于它们身体比较脆弱，若营养不足，环境条件不良，很容易引起疾病和死亡。

Question 哺乳期小狗狗要着重关注哪些地方，如何护理？

Answer 这样来护理。

（1）产后头4天，主人要随时注意小狗狗是否被压伤，有没有吃到奶。

（2）5天以后，可开始带小狗狗和狗妈妈外出晒太阳，呼吸新鲜空气。当然只限定于风和日丽的好天气。一般每天两次，每次半小时左右。阳光中的紫外线可以杀死小狗狗身上的细菌，促进骨骼发育，防止软骨症的发生。当小狗狗能行走时，可放到室外走走，开始时间要短，以后逐渐延长。

（3）长至13天左右，小狗狗才能睁眼，在此之前千万不要用手扒开狗狗的眼睛，即使狗狗自己睁开眼睛也要避免强光刺激，以免损伤眼睛。

（4）20天以后，可让狗妈妈带着小狗狗自由活动，时间不限，依然要挑晴朗好天气的时候进行。注意保温，防止感冒。如果小狗狗被雨淋湿，则要马上用干毛巾擦干，放回窝内。这个时期可以给小狗狗修一次趾甲，以免在哺乳时抓伤狗妈妈的乳房。

（5）1月龄时，给小狗狗驱虫。主人需要经常对小狗狗进行刷拭和清洁，以保持其身体的洁净。

总之，哺乳期小狗狗饲养管理要做到：营养充足，保证睡眠，适当活动，搞好卫生。

绝育是为了长久地陪伴

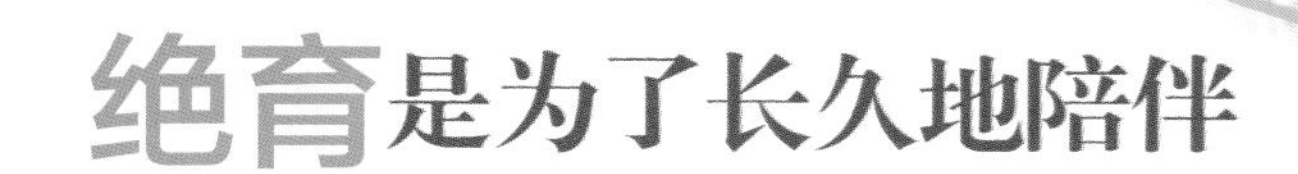

到底要不要给狗狗绝育?

绝育对狗狗有什么影响?

什么时候绝育最好?

Question 为什么要给狗狗做绝育手术呢?

Answer 绝育手术能使狗狗的寿命延长。

绝育问题可能令主人很困扰。其实很大程度上，狗狗绝育是利大于弊的。因为不断的、过度的生育活动会使狗狗身体器官加速老化，缩短狗狗的寿命，而绝育手术能使狗狗的寿命延长。

同时，绝育手术还能使狗狗减少患病的机会，让其活得更健康。绝育手术可减少雌性动物患子宫和卵巢癌及乳腺癌的机会，也可使雄性动物减少患睾丸癌的机会，降低前列腺疾病的发病概率。

绝育手术还可以改变狗狗的性格，减少或彻底改变狗狗到处撒尿、嚎叫、外出游荡、打斗的习惯，从而大大减少狗狗走失或受伤、被传染疾病的机会。此外，还能使狗狗变得更加富于感情，乐于与人相伴，与主人关系变得密切，性格温顺、可驯。

Question 给狗狗做绝育手术前需要做哪些准备，术后要如何护理？

Answer 手术前的准备：

（1）由于术前准备、术后的护理对狗狗伤口的愈合和身体恢复很重要，因此主人应留有充裕的时间以及精力来照顾狗狗。

（2）手术的最佳时间应在狗狗的身体充分发育后，即第一次发情后，第二次发情前。千万要避开发情期做手术。因为处在发情期，狗狗的子宫的脆性增加，血管增多、变粗，此时做绝育手术加大手术风险。

（3）手术前为了避免腹压过大，防止手术过程中造成的呕吐，增加手术不必要

的难度，应该对狗狗进行6~8小时的禁食，2小时的禁水。禁食时间理论上不应超过12个小时。

（4）最好准备一个空间比较充足的箱子或者是笼子，保证手术后的狗狗有足够的休息空间。

手术后的护理方法：

（1）手术后的6~8小时，在狗狗没有完全清醒的情况下，气管等部位处于麻痹状态，应对其禁食禁水。避免液体呛入气管危及生命。

（2）狗狗完全苏醒后，可给予它高营养的流食。

（3）术后注意对狗狗进行保暖，因为在一段时间内它的体温会稍低。

（4）一般情况下，狗狗伤口的疼痛是可以忍耐的。若狗狗异常疼痛，可以要求医生为其注射止痛药。因为疼痛应激的情况，是不利于伤口愈合的。

（5）手术后一周要限制狗狗的剧烈运动，以避免造成伤口裂开，也尽量避免外出。

（6）每天对伤口进行消毒，尽量保持伤口干燥。

（7）在伤口愈合过程中，狗狗会有舔舐自己伤口的习惯，容易造成缝线的断开，伤口感染。所以术后直到拆线都要给狗狗佩戴伊丽莎白圈。佩戴时不宜太紧也不宜太松，内圈跟颈部之间要留有一根手指的空隙。

（8）究竟什么时候做绝育手术最为恰当？如果太早，绝育手术会影响狗狗正常的激素分泌，进而影响它们的发育，所以过早做此手术，会对身体和各方面造成相当大的影响。但若太迟做，主人就要忍受成年狗狗在生理周期所带来的种种麻烦。所以，雄性狗狗大概是在7~8个月大时做手术较为恰当。而雌性狗狗最好是在第一次生理循环之后再做绝育手术，因为这样可以确保狗狗整体的生长发育到达一定的成熟程度。

重点提示：

绝育后的狗狗不能参加狗展，因为狗展举办的其中一个信念是繁殖优良血统的纯种狗。所以你饲养的爱宠若是打算培养成参加狗展的优秀品种，那你就不要给狗狗绝育了。

Part 7

闪避！危机

生活里处处隐藏的危机——中毒

喜欢啃咬是狗狗的天性，但这种习惯性行为却增加了狗狗因为吞食异物而中毒的概率。而在潮湿的季节里，狗狗的食物极易发霉变质，再加上不少家庭有灭鼠需求，这无疑会增加狗狗中毒的概率。这些都应该引起主人的高度重视。

Question 家庭生活中，狗狗最容易遭遇的中毒情况有哪些，要怎么处理？

Answer 狗狗最容易遭遇的中毒有黄曲霉素中毒、灭鼠药中毒、洋葱中毒、巧克力中毒以及铅中毒。

黄曲霉素中毒

天气潮湿或保存不当会导致狗狗粮食发霉。发霉变质的食物中会产生黄曲霉素，其代谢产生的物质具有强烈致癌作用，同时对肝脏产生侵害，严重的会导致肝细胞变性、坏死。

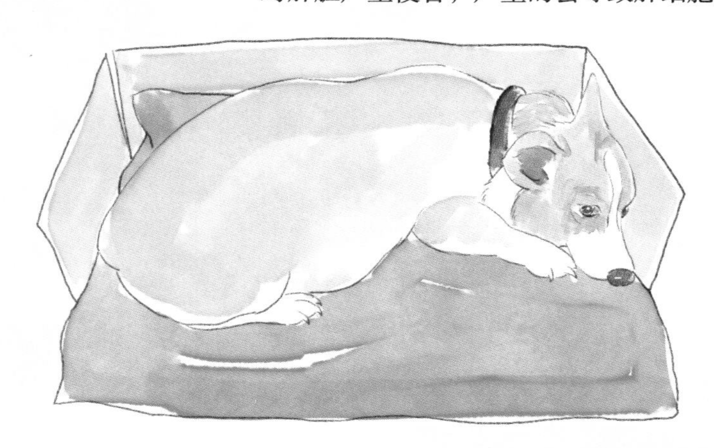

中毒的狗狗精神沉郁，体温升高，呕吐、腹泻和腹痛，食欲降低。严重腹泻时，可视黏膜和皮肤黄染，便中带血，肠内积气，腹围增大，甚至出现休克。

除了黄曲霉素，变质食物中的细菌，如葡萄球

菌、沙门氏杆菌、肉毒梭菌等，也会引起狗狗的中毒。

中毒的狗狗会出现严重呕吐、腹痛、下痢和急性胃肠炎症状。中毒严重时，可引起抽搐、不安、呼吸困难和严重惊厥。

灭鼠药中毒

狗狗会因为误食含有灭鼠药的诱饵，或误食中毒死亡的动物尸体而中毒。

呕吐，食欲减退，精神不振会在中毒初期出现，进而发生牙龈出血，鼻液、粪便和尿液中带血，皮肤表现出紫斑。严重时出现角弓反张，牙关紧闭，肌肉痉挛、震颤，瞳孔缩小，四肢强直呈游泳状等状况。后期呼吸高度困难，黏膜发绀，最终窒息死亡。

内出血是狗狗灭鼠药中毒的最大特征，但在此症状出现前常有2~5天潜伏期。内出血发生在胸腹腔时，会出现呼吸困难症状；发生在大脑、脊椎时，出现神经症状；发生在关节时，出现跛行，还可见关节腔内出血、皮下及黏膜下出血，皮下出血可引起皮炎和皮肤坏死，严重时鼻孔、直肠等天然孔也会出血，中毒量多，可在胃部出现典型出血症状，最终导致死亡。

洋葱中毒

这种人类常见食物对于狗狗来说是相当危险的。大蒜和洋葱这两种食物中含有大量的硫化物，这是引起狗狗中毒的根本原因。中毒最显著的特征是突发性地排出红色或红棕色的尿液。狗狗精神沉郁，食欲根据严重程度表现差或废绝，心跳加快，喘气，虚弱乏力。可视黏膜苍白，并发生黄疸。

巧克力中毒

由于体内缺少分解巧克力中咖啡因和可可碱的酶，因此狗狗对巧克力极敏感。当长时间或过量摄入巧克力时，容易引起中毒。主要表现是呕吐，排尿增多，过度兴奋，颤抖，呼吸急促，虚弱并发生癫痫，有时甚至造成死亡。

铅中毒

铅广泛存在于我们的生活环境中，油漆、染料、含铅涂料、铅锤、腻子和陶器等，土壤、水和空气均可被污染。狗狗每天都要外出散步，主人未必能及时察觉狗狗铅中毒。铅中毒的狗狗会表现出骚动不安，腹痛，呕吐，贫血，眼球内陷。此外，还有神经过敏，意识不清，痉挛，麻痹，昏睡等症状。有些狗狗还会突然兴奋不安，持续性狂叫，到处奔走，最后表现为麻痹或者昏睡。

正确护理的方式：

（1）催吐可以使进入胃的毒物排出体外，是最常用的紧急处理措施，适合在进食有毒食物时间不长的情况下使用。如果时间过了4小时左右，再催吐就没多大意义。

（2）防止狗狗食物中毒，最可行的办法就是平时加强观察，准备新鲜健康的食材。尤其在炎热的夏天，很多的食物都容易腐烂变质。给狗狗喂食时，一定要确定食物新鲜，之后再给狗狗吃。

重点提示：

因上述中毒大多没有特效解毒药，且随时都可能引起狗狗死亡，所以各位主人在遇到狗狗中毒情况时，请及时带其至宠物医院交由专业宠物医师进行处理和治疗。

过敏不仅仅是痒死了

说起狗狗的吃喝拉撒问题，稍有一点养育经验的主人都能滔滔不绝地说个半天。但又有多少人了解狗狗的过敏问题呢？理论上讲，任何犬种在任何时候都可能患上过敏，一旦患上，狗狗们真是有苦难言！过敏真是个磨人的小妖精！

Answer 一是观察症状，二是发现行为改变。

出现以下症状	出现以下行为
皮肤瘙痒、红肿	不断抓挠和舔舐身体
耳道出现褐色分泌物	频繁甩动耳朵
被毛颜色发生改变	啃咬皮肤有损坏的部分
出现异味及红疹	啃咬爪子
严重时脱毛，皮肤呈鳞状	情绪急躁、不安
消化不良、腹泻、呕吐或长期软便	

★以上行为和现象并不一定同时存在

Question 狗狗为什么会过敏？

我们的生活中充满了致敏源，最常见的过敏源是这些。

接触性过敏

●树、草、花粉　　●清洁用品　●羽毛

●灰尘和尘螨　　　●香烟　●香水　●面料

●杀虫浴液　●皮屑　●橡胶和塑料材料

食物过敏

●牛肉、鸡肉、猪肉、玉米、小麦和大豆，等等

寄生虫过敏

●跳蚤和虱子（跳蚤咬到狗狗后的2～3周会引发强烈瘙痒）

药物过敏

●通常为急性过敏

Question 怎么才能知道狗狗到底对什么过敏呢？

Answer

如果狗狗对某种物质严重过敏，虽然比较危险，但好处是可以即刻判断出过敏源。

然而，大部分的过敏并不是立即发生的。分辨致敏源变得比较棘手。生活中仔细观察狗狗过敏前后接触的物质，可以分辨出一些相对明显的过敏源。当然，带它到宠物医院做过敏测试是个比较便捷的方式。

对于难以分辨的食物过敏，辨别需要的时间就比较长了。主人可以将狗狗日常食用的食物一样样排除，直到发现导致过敏的食物品种。

Question 狗狗过敏，主人要怎么做？

Answer 最好办法是彻底去掉环境中的致敏源，避免接触。

预防做好：每年六月，使用外用除虫喷剂对狗狗进行预防性除虫工作。

环境清洁：狗狗使用的窝垫每周至少要清扫两次，最好在太阳下暴晒消毒。家中的地毯、窗帘等易沾染灰尘的物品也要及时清洁。外出时主人要留心环境卫生。

皮肤清洁：已经发生过敏的狗狗，每周用专业抗敏沐浴露洗一次澡。这样可以帮助它缓解瘙痒，同时也能消除像花粉这样的致敏源。不过，这样做的前提是需要选对沐浴液，频繁用错误的浴液洗澡会让狗狗皮肤变得干燥哦。

外源补充：含有芦荟等天然物质的喷雾也可以缓解过敏的程度。

更换犬粮：对食物过敏的狗狗，需要更换处方粮。

药物治疗：过敏严重时，严格按照说明书使用可的松这样含有激素的药物来控制过敏。

狗宝贝的营养代谢病

糟糕，主人你少喂了维生素A

维生素A又称作视黄醇，主要作用是维持正常视觉和黏膜上皮细胞的正常功能，可促进狗狗生长以及骨骼、牙齿发育，提高免疫功能，且对狗狗的视力功能也有一定的促进作用。狗狗对维生素A的需要量较大，但一般来说狗狗维生素A缺乏症发生的频率并不是很高。只有长期饲喂缺乏维生素A的食物或对食物煮沸过度，致使食物中的胡萝卜素遭到破坏，或者狗狗长期患有慢性肠炎等原因才会导致维生素A缺乏。妊娠和泌乳期的狗狗，如果不加大食物中维生素A的含量，也会使狗狗患维生素A缺乏症，甚至影响胎儿或幼龄犬的生长发育和抗病能力。

Question 狗狗缺乏维生素A会有哪些表现？

Answer 表现如下：

狗狗体内维生素A缺乏时，首先表现为暗适应能力降低，步态不稳，甚至直接患上夜盲症。患病的狗狗角膜增厚、角化，形成云雾状，有时出现溃疡和穿孔，甚至失明；还会出现干眼病；生长停滞、食欲减退、体重减轻和被毛稀松也多见，进一步发展则出现毛囊角化，皮屑增多。

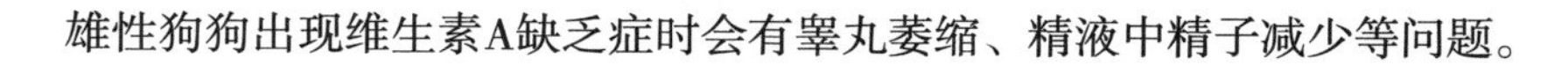

雄性狗狗出现维生素A缺乏症时会有睾丸萎缩、精液中精子减少等问题。

雌性狗狗维生素A缺乏症：轻者容易出现流产或者死胎的问题，严重一点有可能出现不发情的情况。缺乏维生素A的狗狗会产下易患呼吸道疾病的虚弱活仔，成活率低。

断奶后患维生素A缺乏症的幼犬，多死于继发性呼吸道疾病。

正确护理的方式：

（1）对于已患有维生素A缺乏症的狗狗，每天口服2~3毫升鱼肝油或维生素A。

（2）预防措施主要是平时加强饲养管理，合理安排狗狗的饮食，供给足够的含维生素A的食物，如胡萝卜、黄玉米、脱脂牛奶、鸡蛋、肉类、肝脏等。但要注意适量，过多喂食含维生素A的食物也会有害。

（3）参考成年和正在生长发育的幼龄犬维生素A需要量，增加处于妊娠和泌乳期的狗狗的供给量，促进对维生素A的消化吸收。可在食物中添加适量的脂肪。

重点提示：

尽管维生素只占了身体营养成分很小的一个比例，但是其作用也是不容忽视的。不同的维生素有着其对应的作用，所以说缺乏任何一种维生素，对于身体健康都是不利的。

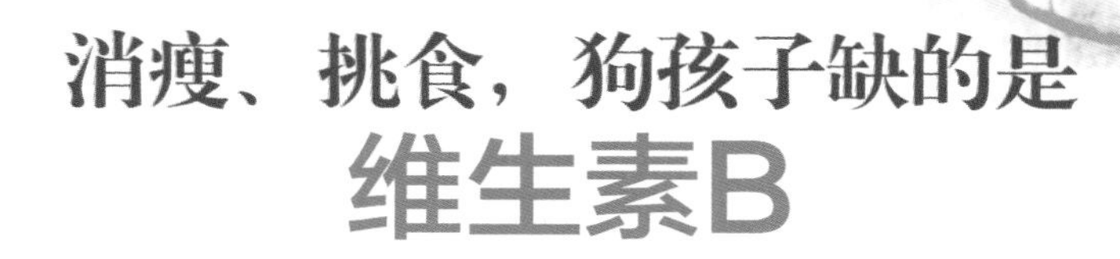

消瘦、挑食，狗孩子缺的是维生素B

B族维生素属于水溶性维生素，可以从水溶性的食物中提取。多数情况下，B族维生素缺乏无特异性，食欲下降和生长受阻是共同症状。除维生素B_{12}外，水溶性维生素几乎不在体内贮存，主要经尿排出（包括代谢产物）。对于B族维生素，不必担心它被过量喂食导致狗狗中毒，因为多余的维生素会排出体外，不会在体内存留。

B族维生素是如此重要，狗狗的生活里绝对不能缺了它。

Question 狗狗为什么会缺乏B族维生素，会因此产生哪些疾病？

Answer B族维生素对于维持皮毛的健康、防止动物腹泻、促进动物的生长都非常重要。缺乏B族维生素可导致皮炎，毛粗乱无光泽，消化不良。造成狗狗B族维生素缺乏症的原因有如下几点：

（1）食物长期储存，致使B族维生素遭破坏；

（2）食物在高温和某些特定条件下，B族维生素逐渐被破坏；

（3）狗狗患有慢性肠炎等疾病，导致狗狗对B族维生素摄取量不足。

缺乏B族维生素有哪些症状呢?

（1）维生素B_1缺乏症的症状：狗狗明显消瘦，厌食、全身无力和视力减退或丧失，还会因坐骨神经障碍而引起跛行，步态不稳。另外颤抖、角弓反张、轻瘫、抽搐和瞳孔散大等都是维生素B_1缺乏的表现。

（2）维生素B_2（核黄素）缺乏症的症状：狗狗消瘦，厌食，贫血，全身无力，还有视力减退或丧失，皮肤上有干性落屑性皮炎或肥厚脂肪性皮炎等症状。

（3）泛酸（维生素B_3）缺乏症的症状：狗狗生长发育迟缓或停滞，还可出现脂肪肝和胃肠紊乱。

（4）维生素B_6缺乏症的症状：在幼龄期的狗狗表现是生长停滞，发育不良，体重明显减轻。成年犬则为食欲不振，还有贫血、痉挛、口炎、舌炎、口角炎和反应过敏等症状。在患病狗狗的眼睑、鼻、口唇周围、耳根后部和面部等处，易发生瘙痒性的红斑样皮炎，还有尾尖坏死和抽搐现象等。

（5）维生素B_5（烟酸）缺乏症（又称黑舌病）的症状：狗狗的表现是食欲不振，口渴，舌和口腔黏膜有明显的潮红。在唇、颊的黏膜和舌尖上还会形成密集的脓疱，并会发生溃疡、出血和坏死。如果发现狗狗的口腔有恶臭，还流出带有臭味的黏稠唾液也是缺乏维生素B_5的表现。此外，患病的狗狗还有体温升高、食欲不振、消化不良和伴有腹泻的症状。因为患病狗狗的舌苔会增厚并呈灰黑色，所以这个病也叫做黑舌病。当烟酸严重缺乏时，狗狗胸腹部还可出现溃疡，臀部还可出现麻木、麻痹等神经症状。有时还会在肘、颈及会阴部发生对称性的皮炎。

（6）维生素B_{11}（叶酸）缺乏症的症状：狗狗贫血和白细胞减少。

（7）维生素B_{12}（钴胺素）缺乏症的症状：狗狗生长缓慢，逐渐贫血，还有拒食、消瘦和消化功能被破坏等表现。

正确护理的方式：

（1）及时补充狗狗所缺乏的对应维生素，或者直接补充B族维生素。

（2）根据狗狗病情，加强饮食补充。饮食中加入生肉、生猪肝、肉骨粉，酵母对维生素B_1缺乏症有好处。乳清、肉、蛋白、鱼等含有丰富的维生素B_2。生肉、肉骨粉、鱼粉、乳制品中含有丰富的B_5。

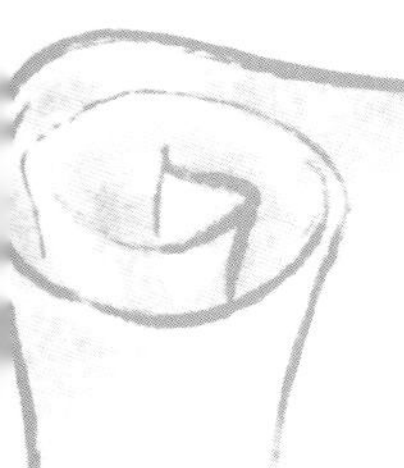

别不信，狗狗也会得佝偻病

狗狗的佝偻病，多见于1~3个月的幼犬，是幼犬因缺乏维生素D和钙而引起的一种代谢病。患有此病的狗狗会骨骼变形，走路畸形，非常痛苦。

Question 狗狗患上佝偻病的原因是什么？

Answer 原因如下：

（1）维生素D不足或缺乏是佝偻病发生的主要原因。

（2）钙、磷缺乏或严重比例不当、甲状旁腺机能异常也会引起佝偻病的发生。

（3）患尿毒症或有遗传缺陷时，对维生素D的需要量增加，容易发生佝偻病。

（4）肠内寄生虫过多，妨碍钙、维生素D、蛋白质等吸收，也会诱发佝偻病。

如何察觉狗狗得了佝偻病？

（1）当发现狗狗吃墙土、泥沙、污物等，还会舔舐别的动物或其本身的腹部，此时就要怀疑它是不是患上了佝偻病。

（2）患有佝偻病的狗狗会因异嗜引起消化障碍，狗狗不活泼，继而消瘦，最终发生恶病质。

（3）患有佝偻病的狗狗换齿晚。

（4）因关节疼痛，狗狗日常步态强拘、跛行，起立困难，特别是后肢的运步受到妨碍，狗狗往往呈膝弯曲姿势、O状姿势、X状姿势，可见有骨变形，膝、腕、踝关节部骨端肿胀、呈二重关节。

（5）维生素D缺乏会使狗狗生长中的骨化过程受阻，长骨因负重而弯曲，软骨肥大，肋骨与肋软骨结合处出现圆形膨大的串珠样肿。

（6）患病狗狗还会出现胸骨下沉，脊椎骨弯曲（凹弯，凸弯），骨盆狭窄，由于躯干骨、四肢骨的变形，成为侏儒状骨骼。上颌骨肿胀，口腔变得狭窄，发生鼻塞音和呼吸困难，由于颌骨疼痛，妨碍咀嚼。

正确护理的方式：

（1）当发现狗狗有类似佝偻病的病症时一定要及早地开展治疗。早期治疗可以给狗狗使用维生素D制剂，在饲料中添加鱼肝油，内服日量为每千克体重400单位。

（2）最简单的预防方法就是科学合理地为狗狗准备食物，满足其身体成长对各种营养物质的需求。

（3）哺乳期的狗狗会流失大量的钙质，如果狗妈妈钙质不足，小奶狗也会钙质吸收不好，因此要给哺乳期的狗妈妈补钙，经常带狗狗运动，晒晒太阳，促进钙质的吸收。

Part 9
可别忽视狗狗们
心理那些事儿

随时给你来一场"甄嬛传"

一个合格的狗主人，如果能够深切地了解狗狗的思想、情绪以及心理活动，就可以更好地拉近自己与狗狗之间的距离。对于平日里狗狗的饲养也会有很大的帮助。比如有一部分狗狗会在看到主人离开自己时大声吠叫。如果不知道原因，会觉得它们的表现莫名其妙。其实，这是因为它们对主人有着强烈的依赖心理。还有一些狗狗，在看到主人对其他狗狗表现友好时，也会表现出不悦，这是出于它们的嫉妒心理。这点小心思简直和《甄嬛传》里妃子们争宠的表现是一模一样的呢。

1.回归心理

远离故土到新的、陌生的城市来工作生活的外来打工者，一个人独处时，总会不断回忆过去，思念家乡的亲人。只要有空，总想抽时间回老家去看看亲人、朋友。这种心理通常被心理学家称为回归心理。而狗狗也同样具有这种心理，并且它们回归的欲望比人类表现得更为强烈。

狗狗回归心理最好的体现是它们有极强的归家能力。尤其是成年狗狗不太容易认新的主人。当它们因为易主来到一个新的陌生环境时，新主人通常会发现，狗狗会在相当长一段时间里表现得闷闷不乐，对待新主人很冷漠，并且心存戒备。不管新主人怎么对它们示好，回归心理强的狗狗甚至会恩将仇报，伺机逃跑，想尽一切办法、忍受各种困苦回到原来的主人身边。狗狗只希望重新回到熟悉的生存环境中来，只想在原主人的关心照顾下过完这一生。不管中间会经历什么，只要回来就好。

2.强烈的占有欲

很多人养狗的初衷并不是为了陪伴，而是为了让狗狗看家护院，因为，狗狗们有着极强的占有欲。最常见的占有心理是狗狗会用尿液做标记，以示它路过的这块领地已经为自己所有。

生活中，养了多只狗狗的主人会有这种感觉，狗狗们不会随意更换睡觉的场所。哪怕只是一小块地方，狗狗们也会按照自己的地位各自占据一定的空间。所以，如果家中饲养了狗狗，在占有欲的支配下，它们会很忠诚地保护自己的家园、主人以及财产。同时，占有欲也驱使狗狗在面对敌人时，奋不顾身地保护着心爱的主人。

当然，也有另外一些狗狗，它们的占有欲更多地表现在守护自己的领地不被人侵犯方面。属于它的东西，狗窝、狗垫子、食盆，等等，除了主人，哪怕是家里其他成员都不能随意触碰。还有些狗狗在配种期，不愿意让人接触自己的伴侣，这也是一种占有心理。

狗狗的这种占有心理常常会导致它们之间的争斗，为了避免受伤，主人要注意及时进行疏导。

3.极强的好奇心

狗狗有着极强的好奇心。在生活中，它们无时无刻不被好奇心所驱使。发现一个新物体，便会用好奇的眼神专注地盯着它。随后，用小鼻子去闻一闻、舔一舔，还会动用小爪子扒拉一下，认真研究这没见过的东西究竟是什么。

如果来到一个陌生的环境，狗狗的这种好奇心则表现得更加明显。它们在好奇心的驱动下，利用自己的嗅觉、听觉、视觉、触觉去认识、感知世界，模仿学习，获得经验。这有助于它们的智力增长。自然界中，幼犬通过模仿，可以从父母那里学会牧羊、狩猎的本领。没有交配经验的狗狗通过模仿可以学会交配要领，顺利繁衍生息。而在家庭饲养中，主人们可以利用狗狗的这种好奇心，很顺利地对幼犬开展训练。

4.严格的等级意识

如今，狗狗已然成为家庭宠物的主力军。这是因为在所有人类驯养的动物中，狗狗是最适合跟人类生活在一起的动物。它们能跟人类紧密合作，忠于主人，并且跟主人相互信任、理解。狗狗们乐于听从主人的指挥，爱戴主人。在它们心里，主人就是自己的领导，主人的家就是自己的领土。这都是由于它们严格的等级意识决定的。

当然，如果建立这种等级意识的时候发生错位，让狗狗误认为自己才是主人，则有可能出现狗狗对主人进行恐吓、攻击的情况。因此，主人需要在狗狗年幼或者初进家门的时候就开展正确的训练，不要让这种情况发生。

5.善妒不仅是女人的天性

狗狗心理活动中最为明显的感情表现就是嫉妒。它们可以对主人无限忠诚与顺服，但要求主人全心全意地爱自己。如果家里有多只狗狗，一旦主人的情感天平有所倾斜，对其中一只特别宠爱的话，受冷落的狗狗往往会表现出明显的嫉妒。要么表现出冷落主人，要么对那只受宠的狗狗实施攻击。主人一定要对两只狗狗公平对待，不要偏心哦。

6.狗狗报仇十年不晚

对爱狗的人来说，狗狗们忠诚可靠，与人友善，是人类的好朋友。但那些对狗狗没那么友善的人来说，他们很可能因为一个无意的举动，让狗狗对其怀恨在心。哪怕你换了衣服变了造型，但对狗狗来说，依靠自己的嗅觉、视觉、听觉，是绝对不会忘记恶意对待自己的人的。它们会在适当的时候实行自己的复仇计划。

对于同类来说，狗狗在复仇时会更疯狂。甚至会利用对方身体虚弱时发生攻击，大有置对方于死地之意。

7.后天习得的邀功心理

邀功心理并不是狗狗天生就具有的。而是在与人类共同生活的过程中发展起来的心理活动。主人在训练狗狗的时候，往往用行为或食物作为狗狗完成任务的奖赏。这种训练形式逐渐强化了狗狗的邀功心理。让它们形成为了得到奖赏去完成某个工作或者动作的意识。有时候，狗狗会为了得到奖赏而做出邀功的举动。从正向来说如果主人可以在日常训练过程中，恰当地使用奖赏，有意识地培养狗狗的邀功心理，狗狗会比较好地完成规定动作，也能增强狗狗的自信心。

8.狗狗也会害怕

不要以为天真烂漫的狗狗整天一副乐呵呵的样子，过得不亦乐乎，就没有什么害怕的东西了。其实，狗狗对声音、光、火跟死亡都是害怕的。

过年放鞭炮时，家里的狗狗会飞快地躲在床下。飞机飞过时发出的声音、枪声都是它们害怕的事物，尤其是突如其来的响声。这是它们在野外状态下就有的心理活动，是一种先天的本能。为了让狗狗尽早适应这种刺激，主人应该从它小的时候就进行音响训练。除声音外，狗狗中怕光的也相当多。这是由于在野外环境中，雷声及闪电会同时出现，狗狗会将这两者联系起来，并且不能区分其中的因果关系，因此它们怕光也怕声响。

9.孤独不是人类独有的情感

狗狗不会言语，人们是怎么发现狗狗也会感觉到孤独的呢？

在日常生活中，如果是长期被驯养的狗狗突然跟主人分离，比如主人出差或者将其送去寄养，狗狗会出现烦躁不安，意志消沉的情况。远距离的运输过程中，也会发生狗狗大闹不已的情况。这都说明狗狗是会感觉孤独的。因此，在狗狗的驯养管理过程中，主人要注意保持跟狗狗的互动，同时也不要长期笼养狗狗，它们会感到无聊，主人可以观察到它们会不停地在笼子里无休止地转圈。严重的时候，会引起狗狗神经质，甚至发生抑郁，出现自残的行为。有爱心的主人是一定不会让狗狗感到孤独的。

10.不说话也撒谎

在撒谎这件事上，狗狗可是各种高手。它们知道哪些行为是不被主人允许的，因此一般来说都是偷摸地去做。为了不被主人发现，还会来点小伪装。

比如，狗狗有在垃圾堆里翻东西的习性。这个肯定是不被主人允许的。如果是出门遛弯的时候，正好它在翻垃圾堆，而主人又在召唤它，它们一般不直接跑向主人，而是先跑向别处，再跑回来。它们好像在跟主人说：主人主人，我是从别的地方回来的，我没有去翻垃圾堆。这似乎有些掩耳盗铃的意思。不过，这也挺可爱的不是吗？也有人分析，狗狗出现这种行为的原因是害怕被主人责罚，但服从心理又使得它不得不回到主人身边。这就要看主人对狗狗的了解程度了。但狗狗确实存在撒谎行为，主人们要加以正确引导。

短暂分离也心伤

分离焦虑是一种由于人与人之间，一方对于另外一方过于依赖，关系过于亲密，导致分离的时候会出现焦虑、不安或者不愉快的情绪反应。这种反应不仅仅出现在婴幼儿身上，也会出现在成人身上。解决这种压抑和焦虑的方法，一般来说就要扩大自己的朋友圈子，跟更多人建立良好的人际关系。而当这种焦虑出现在狗狗身上时，会变得比较难以处理。因为狗狗对于主人的依赖很难在短时间内转移。通常出现分离焦虑的狗狗会在见不到主人以及到了主人要离开的时间显得格外郁闷，同时会表现出一连串异常行为。

1.狗狗出现分离焦虑的根源在主人

初接回狗狗的时候，主人往往对它们特别关注，甚至为了狗狗谢绝了许多日常的邀约。让狗狗在心理上对主人产生了过度依赖。主人也将所有的注意力在那段时间集中放在了狗狗的身上。一旦一切步入正轨，主人开始正常生活。狗狗便开始不适应这种变化。在主人上班的时间段，它知道自己将会独自在家，有些狗狗可以排

解，或者直接睡觉。安静地等待主人的归来。而那些心理调适能力差的狗狗，会出现到了主人将要出门上班的点便开始焦虑的情况。

2.主人我捣蛋你就会回来了吗

对于已经有分离焦虑的狗狗来说，如果遇到主人每天上班，下班还要应酬，回来的时间特别不固定时，它便会对主人出门这个举动更敏感。狗狗不知道主人在什么时候会回家。所以，它们唯一能做的就是试图跟着主人出门。如果不能一起走，狗狗有可能通过一些行为发泄自己的情绪。

它们会尝试着去做一些以前引起过主人注意的事情。比如打翻盘子、碗、花瓶，或者碰倒家里的垃圾桶，更有甚者去捡垃圾，撕咬破坏家具，在客

厅到处大小便等。总之，就是以前主人曾经骂过它、批评过它的事，在这个时间它都会尝试去做。它觉得只要这样做，主人就会回来搭理它了。不管是夸自己还是骂自己，只要主人回家来就好，它才不在乎别的事。没有什么比跟主人分离更可怕。

所以主人要尝试理解狗狗因为分离焦虑症所表现出的异常行为。

3.有些行为主人要高度注意

如果分离焦虑情况不是很严重，主人可以通过安抚、脱敏训练让狗狗摆脱分离焦虑。但如果狗狗出现在家绝食、大声吠叫、自咬自残等情况的时候，主人一定要注意了，需要通过学习正确的行为来纠正和引导，让狗狗恢复健康。

（1）关注也要保持距离。尝试减少狗狗对自己的依赖。不要过度关注狗狗的一些行为，学会忽略。因为，狗狗有时候做出一些举动只是为了让主人关注它，陪它玩耍。如果主人对此做出反应，不管是什么样的反应，都会强化狗狗的行为。只有狗狗觉得自己这样做，不能引起主人关注的时候，它才会放弃。

（2）帮助它发泄旺盛的精力。运动对人来说可以帮助身心健康，对狗狗来说也一样。让狗狗有充足的运动量和精神刺激，有助于减轻它的挫折感和心理的不平衡。对患有分离焦虑的狗狗来说这是一件非常好的事。

（3）给它找个玩伴或给它很多新的玩具，让它一个人在家的时候不那么无聊。不是每只狗狗都能接受另外一个玩伴的。所以在选择新的狗狗或者猫咪加入时，要充分考虑自家狗狗的个性。

（4）假装家里有人。主人离开家时，可以打开电视，或者给狗狗录一段声音循环播放。只要是听见家里有人在说话，狗狗会觉得家里还是有人的，这样，自然也就不会焦虑了。

重点提示：

小狗如果没有经过正确训练或者一直受到溺爱，就很容易出现分离焦虑症。因为它平常总是得到关注，从没有学会如何独自生活。有的主人过分骄纵狗狗，过度的溺爱会让它认为自己的每一个心愿或需要都会得到满足，无法自立。

Part 10

请关注那些小变化

它真的睡对了吗

对于家有特别调皮的狗狗的主人来说，睡着的狗狗无异于天使。那么，给狗狗准备一个它喜欢的“卧室”，让它能安静地待在里面就显得尤其重要了。从狗狗的角度来说，洞穴形状的“地形”会给它带来很大的安全感。一般来说，狗狗会用自己与生俱来的天性在家里自行找到睡觉的地点。如果训练得宜，它不会上床卧沙发，主人大可以听之任之，不需要强行安排狗狗睡觉的地方。

睡觉也有这么多讲究？没错，对于狗狗来说，睡觉可是一个大问题哦。

Question 狗狗会自己在狗窝里睡觉，但是经常会听到它打鼾的声音。这算是正常还是不正常？

Answer 狗狗和人一样，睡觉的时候也会打鼾。一般来说，轻度打鼾没有太大问题。但当鼾声变大、时间持续变久，主人就需要留心。情况严重，就要请专业医师帮忙了。

常见造成狗狗打鼾的原因有以下几种：

（1）对于斗牛犬、八哥犬、京巴犬和拳师犬等短头品种的狗狗来说，打鼾现象就属于常见的短头综合征范围。这些头骨短，鼻孔狭窄，软腭相对过长的狗狗，会因为气道不够通畅，在清醒时喘息就会发出鼾声。

（2）肥胖的狗狗也常出现打鼾现象。那是因为它们在咽喉部堆积了过多脂肪，妨碍了呼吸。

（3）感冒、粉尘和过敏会使呼吸道发炎和狭窄，也会导致打鼾。

正确护理的方式：

（1）保持狗狗有个健美的体态，不过瘦过胖，可以减少打鼾的情况。如果狗狗过于肥胖，可以为其制订减肥计划，还能保护狗狗的心血管和关节，提高狗狗的生活品质。

（2）短头品种的狗狗可以在其睡觉时用小枕头垫高头部，以便可以打开气道，减轻鼾声。打鼾现象过于严重，甚至危及生命时，可通过手术矫正过于窄小的鼻孔和过长的软腭。

（3）雾霾天气减少狗狗的户外运动，使用室内加湿器和空气净化器。

重点提示：

贴心的主人会给狗狗准备不同的布垫。春季选用容易晾干的布垫，保持干爽，让气味更好散出。秋天则尽量不要给狗狗用产生静电的或者是容易飘散毛絮的布垫。冬天注意防寒保暖，夏天哪里凉快就睡哪里吧。

气喘吁吁不仅仅是因为热

正常情况下，狗狗通过喘粗气来释放体内多余的热量。健康的狗狗喘粗气时，呼吸急促、张着嘴，舌头伸在外面。这种呼吸只用到呼吸道上半部分，属于浅呼吸，为的是让空气快速流动，迅速降低身体温度。浅呼吸每分钟次数可以达到上百次。通常快速喘粗气只会间隙性存在，然后狗狗就会恢复到正常的呼吸水平。剧烈运动后，也会出现急促喘气的现象，狗狗通过快速喘息来让自己呼吸逐渐变平稳。

快速喘息还是狗狗表达情绪的一种方式，比如狗狗兴奋和焦虑的时候。当然，口渴的时候，它也会喘息，此时给它充足的饮用水就好了。

Question 哪些疾病会造成急速喘息？要如何应对？

不同疾病造成的急速喘息，应对方法不同。

（1）急速喘息是患有呼吸道疾病的狗狗最常见的表现。

（2）患有气管塌陷的狗狗通常会因为运动或兴奋触发急速喘气和咳嗽，这种咳嗽声听起来类似于鹅鸣。

（3）呼吸道梗阻的狗狗除了大口呼吸外还会出现咳嗽、呼吸不均匀等问题。

（4）缺氧状态下的狗狗由于氧气无法顺畅到达肺部，必须通过大口呼吸来加大氧气摄入量。因此它会急速而费力地呼吸，同时唇部、牙龈、舌头变紫。

（5）狗狗急促地喘息也有可能是支气管炎、肺炎等症状的表现，支气管炎可能会导致狗狗干呕、咳嗽。肺炎的症状包括吃力地呼吸、发热、嗜睡、咳嗽。

（6）患有心血管寄生虫病或其他疾病的狗狗也会过度喘粗气。

①狗狗感染心蠕虫的晚期除了咳嗽、嗜睡、贫血、黄疸或腹部肿胀，还会经常出现吃力的呼吸声。

②急促喘气是患有心衰的狗狗轻微运动后都会发生的症状，患有此病的狗狗不爱动、容易疲劳、厌食，不能正常生活。

（7）在缺少运动，肥胖超重的狗狗常常会发生急速喘息，赶快给狗狗制订减肥计划吧！

没有来由的大量脱毛

除了极少数的无毛狗种，大部分的狗狗一生都披着自己漂亮的毛皮外衣。它们的毛发一生都在生长，隔一段时间便会更替，不同部位脱毛的时间不同。和人类一样，狗狗的毛发也需要护理。只有对狗狗悉心照顾，才能换来它毛发的健康亮丽。对狗狗毛发的护理主要包括内部的营养调理及外部的清洁、梳理等。

脱毛、脱毛、脱毛……客厅里，沙发上，四处可见的毛毛实在让人心烦。更可怕的是，它还可能是疾病的征兆。

Question 家里狗狗脱毛，基因检测没有测出过敏原，掉得全身只剩硬毛，该怎么办？

Answer 身体健康的成年狗狗，排除皮肤感染和炎症，身上也没有发现寄生虫的踪迹，不瘙痒，狗狗没有抓挠和舔咬皮肤现象，也不处于换毛期。狗狗出现大面积全身脱毛可能会有以下几种可能：

（1）性激素紊乱。这一般只能通过绝育来治疗。狗狗颈部、尾部和大腿后方的脱毛，最终发展到全身大面积脱毛，脱毛部位皮肤颜色会变暗；

（2）库兴氏综合征。在大面积全身性脱毛、色素沉着的同时，狗狗出现皮肤变薄，能看见静脉的现象。患有这种疾病的狗狗还会出现多饮多尿、腹围增大和沉郁嗜睡的症状；

（3）狗狗脱毛并伴有皮肤干燥脆弱，容易感染继发细菌和真菌，同时会嗜睡、肥胖、心率减慢。出现以上症状时要怀疑其患有甲状腺功能减退。德国牧羊犬、爱尔兰塞特犬、拳师犬和阿富汗犬多发，通常发病时间在4~10岁之间。

正确护理的方式：

（1）毛质的好坏和狗狗的营养状况有着直接的关联。蛋白质、维生素E、维生素D、脂肪能够对改善狗狗的毛质有所帮助，会让狗狗的毛发光滑、富有光泽、坚固以及健康。

（2）勤梳毛可除去脱落的被毛污垢和灰尘，防止被毛缠结，还可促进血液循环，增强皮肤抵抗力，解除疲劳。短毛狗狗通常每周需要梳理2~3次，而长毛狗狗则每天都需要梳理。

（3）正确的洗澡方法也是保证狗狗毛质的关键。洗澡的顺序是先梳毛再洗澡。洗澡水的温度和狗狗的体温接近即可。必须使用狗狗专用的清洁剂，保护好狗狗的眼睛和耳朵，冲水时要彻底，不要让残留的浴液刺激皮肤引发炎症。同时洗澡次数不宜太频繁。正确洗澡的频率应该是夏季一周一次，而冬季则是两三周一次即可。对于年老或是幼小的狗狗，可以选择以湿润毛巾擦拭的方法代替洗澡。过度洗澡会破坏狗狗皮肤上的保护膜。

（4）适量的紫外线照射可以杀死有害细菌，充足的运动可以刺激狗狗的血液流通，从而帮助它长出健康的被毛。

重点提示：

（1）每次洗澡都要吹干，而不要让狗狗自然晒干。

（2）主人可能需要带狗狗去有激素检测设备的大型综合性宠物医院进行检查，才能排除或确诊其是否患有内分泌疾病。

狗狗疾病快问快答

吉娃娃为何不按照常规发情

Question

看到有资料说狗狗每年发情2次。家有3岁吉娃娃，并没有按照这个规律发情。但体检也没有发现什么问题。这样算疾病吗？需要关注它哪些方面呢？

Answer

这是由于室内环境的温差、光照和饮食状况都和野外环境不同造成的。

其实人工喂养，尤其是室内小型犬的发情不规律现象是非常常见的。一般来说，每年只发情1次或发情3~4次都不能算是不健康的表现，主人可以不用过于担忧。相比野外环境，室内夏天开冷空调，冬天采暖，这些因素都会干扰狗狗的发情规律。

重点提示：

其实也存在有些狗狗在发情时外表不明显的情况。如果有配种需要，可以运用科学手段来判断最佳配种时间。如果没有生育需求，绝育可以帮助预防狗狗患上子宫卵巢疾病和乳腺肿瘤。

绝育手术后狗狗为何坐立不安

Question

做完绝育后，狗狗一直叫，并且坐立难安。医生让主人多注意观察，需要观察什么？狗狗是不是特别疼痛，需不需要吃止疼药？怎么判断手术是成功的？

Answer

绝育手术一般在术后12～24小时的时间里疼痛比较明显，但这种疼痛是狗狗可以耐受的。

2天之后，狗狗的痛感就会下降，甚至感受不到疼痛。术后8小时内出现的坐立不安和鸣叫，一般是麻醉反应，而不是疼痛。所以绝育手术很少会给止痛药。但下列这种情况值得注意：术后3~4天，若狗狗出现伤口红肿、开裂流脓，或者食欲减退、发烧等情况，则可能是出现了感染，需要立即回医院检查伤口。

重点提示：

千万不要给狗狗喂人用的止痛药。如果狗狗特别敏感怕痛，可以请宠物医生开具宠物专用的止痛药。误食人用止疼药会导致消化道出血，严重的甚至会危及狗狗生命。

夏天遛弯会让狗狗脚烫伤吗

Question 听说狗狗夏天遛弯时容易烫伤脚，我要怎么知道狗狗的脚能否承受当前的地面温度呢？一般多热不能走？毕竟夏天地面都比较热，狗狗的脚烫伤有何表现？如果真的不幸烫伤了我要怎么处理？

Answer **注意观察，及时处理。**

夏天狗狗走在晒热的水泥地上确实会烫伤脚，当主人发现狗狗走路步子细碎不安，或者有惊叫、跛脚的情况出现，就要注意是否烫伤了，可以带到医院请医生检查脚上的皮肤。

重点提示：

一般来说烫伤不严重，脚垫表面没有明显红肿和伤口的，可以不做处理，静养即可自愈。至于多高的温度会烫伤，其实和阳光强烈程度以及地面材料有关，所以无法一概而论，只能主人自己多观察了。原则上气温高于30℃的情况下，就尽量避免让狗狗走在阳光直射的地面上，一方面防止烫伤，一方面预防中暑。

夏天狗狗脚垫疾病问题

Question

夏天带狗狗外出，回来发现狗狗脚垫灼伤、干燥和开裂，要怎么处理？

Answer

准备好保护剂和护理膏。

狗狗的脚垫对高温的混凝土、沥青、砂砾等非常敏感，尽管草地、土地比沥青路面脏些，但狗狗走在上面，脚垫会得到保护。砖石路面也是相对较好的选择。尽量不要在正午的时间带狗狗出门，如果一定要出门，给狗狗准备一套鞋子。用旧衣物改造或者宠物店购买大小合适的鞋子都可起到隔热的作用。如果狗狗已经受伤，每天入睡前给狗狗涂抹脚垫保护剂或者护理膏，也能起到防止脚垫开裂感染细菌的作用。

打完预防针为何发热还起包

Question

我家狗狗最近打完预防针后有些发热，另外，好像打针处有个包，摸上去有些粗糙，请问狗狗打针也会和人一样留疤吗？那个包是打针后的副作用还是本身自己长的？

Answer

注意观察，及时处理。

一小部分的狗狗打预防针后确实有可能发热，一般发生于注射当天，过一两天后会自行缓解，主人大可不必惊慌。打针处的肿包如果是打针之后一到两周的时候出现的，则有可能是注射部位组织由于疫苗内佐剂等成分刺激组织而产生的增生。

重点提示：

如果肿包部位表面没有红肿、疼痛、破溃等，主人可以自行在家给狗狗热敷，肿包会慢慢消失。但是一些刺激性比较强的疫苗，如狂犬疫苗，不但可能发生肿包，还可能会导致注射部位皮肤发炎、化脓、脱毛，脱毛后瘢痕形成长不出被毛，或者重新长出的被毛变色等问题，这些都是目前疫苗生产技术中有待解决的问题，发生概率极低，对狗狗身体健康不会有伤害。由于传染病会对狗狗造成生命威胁，所以，强烈建议主人不要因为害怕皮肤反应而逃避疫苗接种。如果疫苗注射后出现皮肤反应，可以询问接种医生，请医生帮助处理。

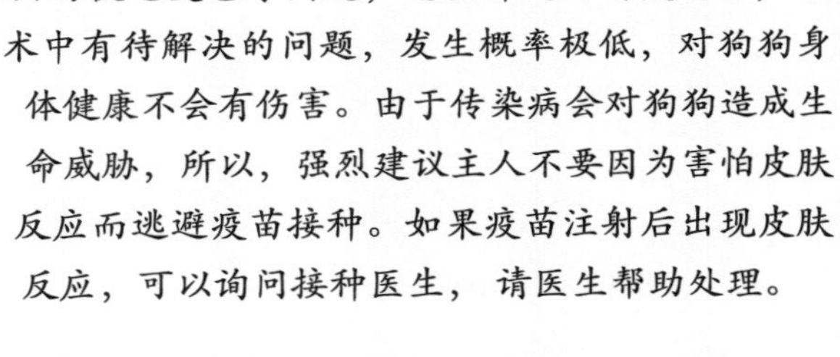

关于驱虫药的各种问题

Question

狗狗多久驱虫一次合适？有人说有的狗狗吃了驱虫药后死亡了，驱虫药真的有毒吗？驱虫后我们要注意什么，体内体外驱虫都要做吗？

Answer

定期做驱虫。

不论室内还是室外喂养的狗狗，为了保证狗和主人的身体健康，都要定期做体内外驱虫。一般狗狗从两个月大开始，每三个月进行一次体内驱虫，每月进行一次体外驱虫。体内驱虫和体外驱虫药物，都必须从正规渠道购买知名厂商的产品，切勿贪小便宜买伪劣产品。

重点提示：

2~3个月的体弱幼犬，特别是已知感染肠道寄生虫的，体内驱虫药最好避免和疫苗注射同时进行，驱虫后若出现腹泻呕吐应立即就诊。体外驱虫药使用前后两天内不要洗澡，以免影响药物扩散吸收。所有药物都应该严格按照动物的体重选择相应的规格和剂量。只要遵守以上原则，体内外驱虫药不会对狗狗的健康有任何危害。

狗狗总有泪痕怎么办

Question

家里的贵宾犬的眼睛总是有眼泪，泪痕也比较严重，从小就是这样，应该怎么治疗？饮食应该注意什么？洗澡后泪痕会不那么明显，但是又不能天天洗澡，平日应该怎么清洗呢？

Answer

这样来处理：

贵宾犬是非常容易发生鼻泪管堵塞的品种，所以常有泪痕。鼻泪管堵塞通常是可以通过冲洗疏通的，但疏通后也很容易再次堵上导致复发，所以一般都建议主人通过日常养护来减少泪痕形成。

重点提示：

让狗狗多吃蔬菜，每天勤给狗狗擦脸，眼睛发红瘙痒时，遵医嘱用眼药水，可以减轻症状。

夏天到底应不应该给狗狗剪毛

Question

天气炎热的时候，看着狗狗热得难受，到底要不要给狗狗剪毛？怎么剪才正确？

Answer

具体情况，具体分析。

一般来说不主张给狗狗剃毛，一来夏天没有被毛的保护，狗狗容易晒伤，另外狗狗也会产生自卑心理。同时，剃完狗毛之后，大部分狗都会出现过敏性红点，此时如果主人没有为它涂上抗过敏药膏。狗狗会不断抓挠皮肤，产生破损，继发感染。其实到了换季的时候，狗狗会自行脱毛，使被毛较薄。但如果是长毛狗狗的话，还是可以剃毛的。剃掉狗狗腹部被毛下面那层细毛即可，这样既不影响狗狗的外形，也能让爱犬脱毛散热。此外，狗主人也可以带它去游泳，这样也能达到为狗狗降温的目的。

狗狗打呼噜是不是疾病

Question 雾霾天气会不会导致狗狗打呼噜？打呼噜会对狗狗的身体有什么影响吗？打呼噜有越来越严重的趋势，需要处理吗？

Answer 狗狗轻度打鼾一般来说不是严重的健康问题，但是如果鼾声变大、持续变久，就需要密切注意，更严重的时候求助宠物医师。

1.短头综合征：斗牛犬、八哥犬、京巴犬和拳师犬等短头品种通常在清醒时都会出现打鼾现象。这是由于它们头骨短，鼻孔狭窄，而软腭又相对过长，导致气道不够通畅。为了减轻鼾声，主人可以在狗狗睡觉时用小枕头垫高它的头部，让气道打开。但若情况过于严重，就需要手术治疗。

2.肥胖导致的打鼾：肥胖狗狗的咽喉部会堆积过多脂肪，妨碍呼吸。此时，需要配合宠物医生一起制定科学合理的训练计划对狗狗体重进行限制，同时也能保护狗狗的心血管和关节，提高其生活品质。

3.呼吸道发炎和狭窄导致的打鼾：和人一样，感冒、粉尘和过敏也会导致打鼾，所以雾霾天一定要减少狗狗的户外运动。有条件的，还可以使用空气净化器。